NEW FOOD WORKS

あたらしい
食のシゴト

タイムマシンラボ 編著

京阪神エルマガジン社

NEW FOOD WORKS

あたらしい
食のベント

株式会社マメマン

INTRODUCTION

◇◇◇◇◇◇◇◇◇◇◇◇◇◇◇◇◇◇◇◇◇◇◇

おいしいものを届けたいと、食のシゴトを考えたとき
最初に浮かぶのは飲食店かもしれません。
しかし、食にもいろんな好みや考え方があるように、
何を・どう提供するか、そしてワークスタイルによって
固定店舗を持つ方法以外の"食のシゴト"が見えてきます。

たとえば、オーダーによって
メニューや空間の演出まで手がけるケータリング。
価値観を共有できる人たちと出会うイベントやマーケットへの出店。
日々異なる場所で営業する移動販売。
場所や時間にとらわれずにネットショップで販路を広げる方法など、
これから紹介するみなさんは、自分が届けたいものに向き合い、
独自に"食のシゴト"を確立した方ばかり。
それぞれのやり方で道を切り開いたノウハウのなかに、
たくさんのヒントがあります。

そして、たとえ飲食店のように固定店舗を持たない場合でも、
"食のシゴト"に携わる限りは、安心・安全であることが大切です。
本書で紹介するあたらしい食のシゴトに関しても、
さまざまな申請や許可が必要になります。
巻末ではそれらについてのHOW TOも収録しています。

自分らしい表現、やり方を探すあなただからこそ
たどり着ける"あなたらしい"食のシゴトがきっとあるはず。
本書がそのきっかけになれることを願っています。

〔CONTENTS〕

6 **PART 01**
DAILY

8 nagicoto
14 hoho

《 Daily Catalog 》

20 臼井 悠／スナックアーバン
21 清水洋子／Living isn't fucking easy.
22 MAKIROBI
23 松島由恵
24 MOMOE
25 LIFE KITASANDO catering

26 COLUMN ケータリングに使えるツールあれこれ

30 **PART 02**
PARTY

32 モコメシ
38 中村 優

《 Party Catalog 》

44 相川あんな／あんな食堂
45 Ayaka Cooks.綾夏
46 CORI.
47 humi hosokawa
48 山フーズ
49 RAIMUNDA CATERING SERVICE

50 COLUMN キッチンアトリエ訪問

54 **PART 03**
EVENT &
MARKET

56 wato kitchen
62 山角や

《 Event & Market Catalog 》

68 小池桃香
69 西野 優／ピリカタント
70 betts & bara
71 北極

72 COLUMN 出店ブースのディスプレイ

| 76 | PART 04 | 78 | TIKI COFFEE |
| | FOOD TRUCK | 84 | 東京オムレツ |

《 Food Truck Catalog 》

90	自家製天然酵母パン DESTURE
91	monad
92	Yaad Food
93	lunch stand tipi

| 94 | COLUMN サインボードとロゴデザイン |

98	PART 05	100	cineca
	SALE &	106	きのね堂
	ONLINE SHOP

《 Sale & Online shop Catalog 》

112	木村製パン
113	noriko takaïshi
114	羊や
115	HIYORI BROT

| 116 | COLUMN オンラインショップの開き方 |

120	PART 06	122	コンセプトを決める
	HOW TO	124	業種・業態を決める
	あたらしい食のシゴト	128	必要な資格と届出
		132	開業費用を計画する
		134	物件・場所探し
		136	価格を決定する
		138	仕入れ先を決める
		140	活動を知ってもらう

PART 01
DAILY

日々のごはんをちょっと特別なものに変えてくれる
お弁当やランチケータリング。
個人の依頼から、数十人規模の撮影現場や社内の催しなど
依頼内容はさまざまですが、仕入れからお届けまで
1〜2人で手がけることができます。

nagicoto	8
hoho	14

《 Daily Catalog 》

臼井悠／スナックアーバン	20
清水洋子／Living isn't fucking easy.	21
MAKIROBI	22
松島由恵	23
MOMOE	24
LIFE KITASANDO catering	25

DAILY
01
nagicoto
ナギコト

たっぷりのおかずが特徴のnagicotoさんのお弁当。撮影現場やランチ会などでオーダーする人も多く、数名〜30名分を手がけるそう。こだわりのスパイスと野菜を使ったお弁当は体にも優しいのです。

〔CONCEPT〕nagicotoさんのコンセプト

おいしくて、体に優しい
ほっとするお弁当をおなかいっぱい届ける

ともに二児の母でもある前田ともみさんと、小野原あきこさんによるユニット「nagicoto」。食べることも、つくることも大好きというふたりが手がけるお弁当は、おかずもごはんもたっぷりのボリューム。「おいしくて、体に優しいものをおなかいっぱい食べてもらいたい」そんな想いから、農家さんから直接野菜を仕入れ、そのとき手に入る材料によってメニューを考えます。完成したお弁当には、季節の植物が添えられることもあり、手にするとどこかプレゼントをもらったような気持ちになります。

〔ARCHIVE〕
今までのお仕事

お弁当＆ランチケータリング

お弁当はオーダーを受ける際にアレルギーの有無、好きなもの、苦手なものを聞いてメニューを考えるそう。お弁当のほかに、個人宅や企業へのランチケータリングも。

ワークショップ講師

親子で一緒に料理をつくって食べる講座「素材と向き合うかぞくごはん」の講師もつとめる。二児の母でもあるふたりならではのワークショップ。

イベント出店

イベントやマーケット出店では、季節のフルーツを使ったドリンクを販売。夏にはフルーツの酵素シロップを使ったジュースも人気。

[How to make]
お弁当を届けるまで

ある日の

本日のオーダーは2件分。
2種類各10名分のお弁当製作から納品までを追いました。

[ORDER]
オーダー内容

1　男性が多いのでおかずにボリュームがあるお弁当を10名分
2　野菜中心のベジタリアン用お弁当を10名分
3　予算は1人1,500円

オーダー可能なスケジュールを告知

オーダーを受けられる日をできる限りSNSで告知。手がけられる数に限りがあるので、1週間前にはオーダーを締め切ることが多いそう。野菜は長野県の大島農園さんや、北海道の佐々木ファームさんなど、信頼する農家さんに旬の食材を聞いて発注。

前日〜当日にかけて仕込みを行う

仕込みはその都度、レンタルスペースや知人のキッチンアトリエを利用。味が馴染むのに時間がかかるものや、デザートのケーキは前日に調理。当日の朝から鍋でご飯を炊き、ひとつのお弁当に6〜7品のおかずを準備する。冷めても味がぼやけないように、味付けはしっかりめに。出発の1時間前にはお弁当におかずを詰めはじめる。

パッケージを仕上げて納品先へ届ける

詰め込んだお弁当には「nagicoto」のラベルを巻き、おしながきを入れて完成。ときには庭で育てている季節のお花や植物を添えることもあるそう。届け先へは主に車で納品。

10

〔LUNCH BOX〕
今日のお弁当

本日のオーダーは2組、計20名分。野菜の美しい色やみずみずしさが楽しめる料理を心がけ、味のアクセントにナッツやスパイスを使用。固定メニューは決めず、そのとき手に入る食材や、お客さまのリクエストによっておかずを考える。

ベジタリアンメニューのお弁当
野菜中心のおかずでもボリュームは満点。お弁当を詰めるときは、それぞれのおかずの味を崩さないよう配置を工夫

ぷるんぷあんのアジアンスイートチリサラダ
乾燥糸こんにゃく「ぷるんぷあん」の食感が楽しい。

紫人参とビーツのキヌアマリネ
彩り鮮やかな紫人参とビーツはマリネでさっぱりと。

車麩の和風カツ
お肉のかわりに、車麩を使用したカツ。

ちぢみほうれん草のチヂミ
チヂミにはオリジナルのほうじゃんオイルをかけて。

煮玉子
しっかりと味がついた煮玉子でごはんも進む。

ロマネスコと芽キャベツのクミン炒め
クミンを加えて風味豊かに仕上げた一品。

酵素玄米と押し麦ごはん
もっちりとした酵素玄米は講習を受けて学んだ「長岡式酵素玄米飯」。

さつまいものごま衣揚げ
ほんのり甘く、箸休めになるおかず。

お肉のお弁当
メインのおかずに鶏を使用し、そのほかのおかずは「ベジのお弁当」と同じに。こうすることで仕込み時間短縮と食材のロスを防げる

神山鶏の玄米黒酢鶏
噛むほどに鶏の旨みを味わえるメインのおかず。

デザート
お弁当にはデザートも付ける。この日はどちらのお弁当にも、しっとりとしたチーズケーキをセットに

〔DATA〕

NAME nagicoto／前田ともみさん 小野原あきこさん

START 2012年10月〜

WORK TO DO ☑ケータリング ☑講師 ☑イベント出店 ☑レシピ提供

LICENSE 調理師免許、普通自動車免許

いろんな人に「おいしい」と喜んでもらえることが嬉しい

——活動開始のきっかけは？

以前はふたりとも、料理家のたかはしよしこさんのアシスタントをしていたんです。同じくらいのタイミングで妊娠し、アシスタントを卒業しました。子どもが生まれ、ふたりでごはんを食べていたときに「そろそろ何かしたいね」という話になり、活動をはじめました。ユニット名の「nagicoto」はお互いの子どもの名前にちなんで決めたものです。お母さんになってはじめて体験したことなんですが、育児が大変で……。それまであたり前のようにやっていた"つくりたいときにつくりたいものをつくる"ことがすごいことなんだと気付いたんです。思うように料理ができないことが辛かった時期に、誰かのつくったごはんを食べる機会があるとすごく幸せを感じました。子どもがいると、外食するのは難しいものですが、ケータリングなら家で楽しんでもらえる。そう考えてはじめたんですが、ケータリングは人数が揃わないとなかなか頼む機会がないですよね。お弁当なら、もっといろんな人に食べてもらえると思ってはじめました。

——お弁当やケータリングの
オーダー日を設けている理由は？

まだ子どもが小さいので、動ける時間に限りがあることと、オーダーを受けてから野菜を農家さんに頼んで、そのとき手に入る野菜からメニューを決めるので、すぐにつくることができません。オーダー時には日にち、数量のほかに、年齢や性別もお伺いします。女性が多いときは野菜を多くしたり、男性が多いときはガッツリしたものを入れたり。年齢が高めの方にはスパイスを控えめにして出汁をきかせたものを用意することもあります。以前、食物アレルギーをお持ちの方からご依頼いただいたときは、みんながストレスフリーに食べられるように、メニューを考えるのも楽しかったです。

——おふたりで活動されて良かったなと思うことは？

つくるときも、メニューを考えるときも、ふたりで話しているとアイデアが湧き出てきます。アシスタント時代に、同じ価値観を共有してベースをつくっているので感覚が合うんですよね。また、体調や都合が悪くなったときでも、お互い子どもがいるので理解し合えることも大きいと思います。もう少し子どもが大きくなれば、今よりもたくさん注文をお受けできると思うのですが、今は自分たちのペースで活動を続けることが大切と考えています。お弁当のおかずも、多種類つくるのは簡単ではありませんが、農家さんがつくってくださるものをありがたくいただいて「おいしい」と言ってもらえることを目指しています。

〔STYLE〕 nagicotoさんのお仕事ルール、決まりごとを紹介

毎月オーダー日を決めて
できるだけSNSで告知する

無理なく活動を続けるため、毎月受注できる日数や量を話し合い、サイトで告知。約1ヵ月分の依頼を事前に把握できるため、仕入れ内容や予定も組みやすい。一度につくれるお弁当は30個ほど。

旬のおいしい野菜を
農家さんから仕入れる

野菜はすべて、長野の大島農園さんや北海道の佐々木ファームさんなど、信頼できる農家さんから届くものを使用。仕入れ先の多くは、アシスタント時代からのつながり。

〔MUST TOOL〕 料理や考え方のヒントになったアイデアソースや欠かせないツール

たかはしよしこさん

たかはしよしこさんは、料理の考え方や価値観を学んだふたりの師匠。そんなたかはしさんのセンスが詰まったカタログは愛読書。

スパイス

産地や用途など、いろいろなことを教えてくれるというお気に入りのスパイスサロン「BonnaBonna」で購入したスパイス。

ユニフォームのエプロン

自然素材と手仕事にこだわった「えみおわす」の巻スカートをエプロンに。直線裁ちなので脱ぎ着しやすく、動きやすそう。

〔SCHEDULE〕 1週間のスケジュール

〈月〉MON　注文を受け、農家さんに野菜リストをもらう

〈火〉TUE　メニューを決めて材料を発注

〈水〉WED　それぞれ別の仕事を行う

〈木〉THU　野菜が届き、お弁当の仕込み開始

〈金〉FRI　お弁当の仕上げ、納品

〈土〉SAT　お休み（講師やマルシェ出店を行うことも）

〈日〉SUN　お休み（講師やマルシェ出店を行うことも）

PROFILE プロフィール

nagicoto／二児の母でもある2人の料理家、小野原あきこと前田ともみのフードユニット。"誰かと一緒に食べたくなる"料理を提案。ケータリングのほか、イベント出店や親子教室講師もつとめる。活動拠点は東京都。

How to Order？ オーダー方法

お弁当は1人1,500円、10個以上〜。ケータリングはケータリング料10,000円＋最低金額30,000円〜。

◆ Facebook　https://www.facebook.com/nagicoto/
◆ 問合せ　nagicoto11@gmail.com

DAILY
02
hoho
ホホ

デザイナーの沼本明希子さんと、作家の平尾菜美さんが手がけるケータリングユニット「hoho」。意外性のある食材の組み合わせを得意としながらも、家庭的で野菜たっぷりの料理が特徴です。

[CONCEPT] hohoさんのコンセプト

さまざまなジャンルや食材が混ざり合い、"ほほ"を緩める料理を提供

同じテーブルを囲むと、年齢・職業関係なく、どんな人でも"料理"という共通の話題が生まれます。ユニット名「hoho」の由来は、おいしい料理を囲んだときの笑顔からイメージした「ほほ（ほっぺた）」と、人々が歩み寄って交流するイメージ「歩歩（ほほ）」から名付けられました。「おいしいだけでなく、きちんと栄養があるものを食べてもらいたい」と話す沼本明希子さん。その言葉通り、ふたりが手がける料理にはたくさんの野菜が使われており、どこか家庭的なあたたかさがあります。

[ARCHIVE]
今までのお仕事

カレーイベントを主催

毎年8月、知人のギャラリーカフェにてカレーイベントを開催。ある年は、チキンカレーに好きな野菜（カチュンバ、ポテトサラダ、ピクルスなど）を自由にのせて食べられるカレーを提供。

パーティーケータリング

友人作家の個展オープニングパーティーでのケータリング。開催日が1月5日だったため、お正月らしく手鞠寿司や栗きんとん風のデザートを重箱に詰めて、華やかに。

展示テーマに合わせた料理

ジュエリー作家さんの展示にて。個展のテーマ「inside blue」にちなみ、ブルーポピーシードを使った焼き菓子、ブルーベリーのケーキを製作。

〔How to make〕

ある日の 忘年会ケータリングができるまで

7周年を記念して開催されるデザイン事務所の忘年会。
フードだけでなく、テーブルコーディネートも手がけます。

〔ORDER〕
オーダー内容

1　7周年記念なので、7種類のフードを40名分
2　会話がしやすいように、手を汚さずつまめるものを
3　参加費は1人2,000円／ドリンク代込み

料理と作業工程を洗い出し、買い出しや食器のリース

3日前には料理や盛り付けのイメージを決め、必要な材料のほか、すべての作業を洗い出して段取りを決める。今回はディスプレイ用に少し大きなお皿やクロスが必要になるため、食器リースも手配。買い出しは事前に仕込みを行うものと、当日調理するものに分けて行う。

野菜は前日に
切っておき、
水分が出ないよう
直前に味付け

仕込みを終えて、会場で仕上げの調理

キッチン付きの会場だったため、当日は朝から会場で調理を行う。キッチン付きの会場を利用する際は、コンロの数やオーブン、冷蔵庫の大きさなど、使用する設備を事前に確認しておく。火入れに時間がかかるものから調理をはじめ、2時間前には盛り付けとディスプレイを開始。

一晩寝かせたほうが
おいしいケーキは
前日に焼いて搬入

〔MENU〕今日の料理

7周年にちなみ、7種類のカナッペ87個と、大皿料理5種類各2皿＋デザート2種類を用意。忘年会のため、お客さんが会話しやすいようにと手に取りやすいカナッペを多めに。大皿のみだと最後に少しずつ残ってしまうなど、料理の盛り方ひとつで、なくなり具合が変わってくるのだそう。

7種類のカナッペ
にんじんラペとレーズン、イチジクとクリームチーズなど、食材の組み合わせも楽しい。

プチトマトとアスパラのキッシュ
ベーコン、プチトマト、アスパラが入ったボリュームたっぷりのキッシュ。

紫キャベツとにんじんのサラダ
紫と赤のコントラストが目にも鮮やかなフレッシュサラダ。

彩り野菜とタコマリネサラダ
レタス、パプリカ、コーンにタコマリネが食欲をそそるサラダ。

にんじんのポタージュ
にんじんとバターをふんだんに使ったコクのあるポタージュ。

うずら卵のハンバーグ
ひと口サイズのハンバーグに小さな目玉焼きがかわいい。

デザート
オレンジとナッツのブラウニー、3種のベリーのチーズケーキ。

〔DATA〕

NAME hoho／沼本明希子さん 平尾菜美さん

START 2016年10月〜

WORK TO DO ☑ケータリング ☑イベント出店 ☑レシピ開発

LICENSE 食品衛生責任者、普通自動車免許

デザイナーと作家、お互いの仕事をいかした活動

——活動開始のきっかけは？

沼本：学生時代にデザイン事務所でお昼ごはんをつくるアルバイトをしていたんです。そこでつくった料理をTwitterやInstagramにアップしていたら、いろんな人が反応してくれて。そのうち友達が「個展のオープニングパーティーで何かつくってくれない？」と声をかけてくれたんです。仕込み場所がなかったので、知り合いのカフェに頼んでキッチンを貸してもらうようになり、そこから少しずつ手がけるようになりました。ユニットでの活動をはじめたのは2016年10月から。ケータリングは、実際にやってみないとわからないことも多いので、ひとりではリスクが高いと考えていて。「一緒にやってくれる人はいないかな？」とTwitterでつぶやいたら、以前から個展などで作品を見ていた平尾さんが手をあげてくれたんです。

——料理はどこで学んだのですか？

沼本：私は母が保育園の給食調理員だったので、小さな頃から母の料理をマネしてつくったりしていました。学生時代にイタリア料理店でアルバイトもしていたので、ずっと料理は身近にあったんです。平尾さんもレストランで働いていましたし、ふたりとも飲食店経験があったことも、ユニットが組めた理由です。

——活動をはじめて大変だったことは？

沼本：買い出しや配達など、体力や時間との勝負でもあるので、ふたりで良かったなと思います。それから飲食店と比べて、ケータリングは料理をする人とお客さまとの距離が近い感覚があるんです。あるとき友達が「お店で食べるものは大丈夫だけど、友達がつくってくれた料理は抵抗がある」と言ったのが衝撃でした。食に対する意識は人それぞれなので、安心・安全はもちろんですが、見た目の美しさや清潔感も同じくらい大切だなと思います。

——お互いに別の仕事をしながら活動するメリットは？

沼本：私はデザインの仕事、平尾さんはアーティスト活動を行いながら「hoho」で料理を手がけているんですけど、仕事を通してだと人と関わるときに緊張感がありますよね。でも、料理は年齢や性別問わず、もっとフラットに人と関われるツールだと思っています。また、色のバランスや、限られた予算で最大限良く見せる方法を考えたりするときには、デザインの仕事での経験が役立ちます。アーティストの個展へのケータリングでは、平尾さんがアーティストだからこそ汲み取れる部分があると思いますし。お互いの仕事をいかして、デザイナーとアーティストだからこそ生まれる「hoho」の世界観をつくっていきたいですね。

〔STYLE〕 hohoさんのお仕事ルール、決まりごとを紹介

仕事とのバランスを考慮し、準備の期間は2週間を目安に

「お客さまひとりひとりに合わせた料理をつくりたい」という想いと、デザイン業務や作家活動との両立を考えると、日々製作するのは難しい。依頼から納品まで2週間ほど確保し、ワークバランスを保つ。

最小限の予算でも最大限の表現をする

料理は栄養価、ボリューム感、見た目の華やかさにこだわる。テーブルクロスや大皿など、面積が大きなものはディスプレイの表情に変化を持たせられるため、こだわって選び、華やかに見せる。

〔MUST TOOL〕 アイデアソースや欠かせない道具たち

母の料理
沼本さんがいちばん影響を受けたというお母さんの料理。食べやすく、優しい味付けが記憶に残っているそう。

フリーザーバッグ
食材の仕込みに欠かせないフリーザーバッグ。種類ごとに分けてコンパクトに運べるため重宝するのだとか。

ホーロー保存容器
オーブンに入れられる無印良品のホーロー保存容器。ケーキの型にも、お皿代わりに使えるうえに、スタッキングもできる。

〔SCHEDULE〕 1週間のスケジュール（沼本さんの場合）

〈月〉MON　デザイン業務

〈火〉TUE　デザイン業務、ケータリング打ち合わせ

〈水〉WED　メニューやディスプレイ決定、リースや買い出し

〈木〉THU　デザイン業務、夜に仕込み

〈金〉FRI　仕込み、会場搬入、搬出

〈土〉SAT　デザイン業務

〈日〉SUN　休日。ギャラリーに出かけたり、本を読んだりとインプットの時間

PROFILE プロフィール

hoho／沼本明希子と平尾菜美によるケータリングユニット。沼本さんはグラフィックデザイナー・イラストレーター、平尾さんはアーティストとして活動しつつ、ケータリングや撮影スタイリングなどを手がける。活動拠点は東京都。

How to Order ? オーダー方法

ケータリングは30,000円〜（配送料別途）オーダー可。詳細はメールにて問合せを。

◆ webサイト　http://hoho-food.tumblr.com/
◆ 問合せ　numoto@direction-q.com

《 Daily Catalog 》

臼井 悠／スナックアーバン
うすいゆう

[スナックから広がった ケータリング＆料理教室]

2010年に「スナックアーバン」(東京)を開店し、お店のお客さまを中心にエスニック料理教室やホームパーティー、展示会のケータリングを手がける。ケータリングを手がける頻度は年15回ほど。

[これまでの 仕事]

1 ファッションブランド展示会
オーダーを受けるのは知人のみのため、相手の好みをリサーチしてメニューを考案(30〜40名分)

1

2 料理教室
東京と神戸で開催。参加者はともに10名程度で参加費は3品5,500円、4品6,000〜6,500円

3 ホームパーティーケータリング
なるべく大皿でボリューム感のある料理を提案するように工夫(10名分)

4 プライベートダイニング
お客さまの"食べたいメニュー"のリクエストに添って料理を提供(5名分)

Q. 料理のこだわりは？

これまでに勉強してきたエスニック料理(タイ・中華など)が中心です。スナックのお客さんや知り合い限定なので、その方の好みや、来てくださる方のこと(辛さ・苦手な食材・子どもの有無・ベジタリアンかどうか)を事前にできるかぎりリサーチして満足していただけるメニュー構成を考えています。また、海外旅行をしたときに使えそうな食器を買うようにしています。

Q. 料理教室をはじめられたきっかけは？

勉強してきた料理をいろいろつくりたくて、まずは数年間、ホームパーティーで友人に食べてもらいました。みんなからの評判が良かったので料理教室をはじめました。教室は知人の事務所を借りていて、知り合いと紹介のみの参加になります。

START	2010年4月〜
WORK TO DO	ケータリング、料理教室、出張料理教室、イベント出店
LICENSE	食品衛生責任者、食品関係営業許可

How to Order ?

スナックのお客さまと知人のみオーダー可。人数と目的をうかがって、そのつど費用は要相談(お店のお客さまへのサービスという気持ちもあり、材料費プラスα程度の金額を設定)。

《 Daily Catalog 》

清水洋子／Living isn't fucking easy.
しみずようこ

"魅せるお弁当"で
おいしく、楽しく

「家庭のおかずを最高においしく届けたい、食べる人を楽しませたい、驚かせたい」という気持ちが
ギュッと詰まったカラフルなケータリングは、撮影現場を明るく元気にしてくれます。

[これまでの 仕事]

1 お弁当ケータリング
照り焼きつくね、トマトマリネ、ひじき、春巻きなど、ごはんが進むおかずがいっぱい(予算1人1,000円)

1

2 ランチケータリング
食べやすいサイズに握った小結（こむすび）に合うおかずをバランス良く（予算：1人1,800円／8名分）

2

3 ホットミールケータリング
トッピングのナッツが香ばしいローストポークと、天然ぶりナムルの小結（こむすび）(予算：1人1,800円)

4 撮影現場へのケータリング
ローストポーク、エビマヨ、キッシュなど人気のおかずを詰めて（予算：1人1,500円)

3

4

Q. 料理のこだわりは？

自分らしい、魅せるお弁当。その時々の気分に合うように、家庭のおかずが最高においしく、楽しく感じられるごはんをお届けしています。野菜は実家の農家から直送、魚は地元の能登半島の漁師さんと契約するなど、信頼できる食材を使用しています。

Q. 活動のきっかけは？

アパレルブランドのプレス時代にパリコレで食べたお弁当のおいしさと、ありがたみに感動したことがきっかけです。「Living isn't fucking easy.＝生きることって、くそむずかしいな。でも、とりあえずごはん食べよ。そんな気分のときでもおなかは空くし、体は応援しているんだよ」という気持ちでケータリングをスタートしました。

START	2014年11月〜
WORK TO DO	ケータリング、レシピ提供、プロップ（小道具）作成、フードコーディネート
LICENSE	食品衛生責任者、食品関係営業許可

How to Order ?

お弁当1名1,000円〜、ケータリング1名1,500円〜、ホットミールケータリング1名1,800円〜、パーティーケータリング30,000円〜オーダー可。活動拠点は東京都。

◆ Instagram @livingisnotfuckingeasy
◆ 問合せ lifecateringservice.tokyo@gmail.com

《 Daily Catalog 》

MAKIROBI
マキロビ

> 野菜の旨みを楽しむ
> マクロビオティック

旬の野菜の味を感じられる色鮮やかなMAKIROBIさんのマクロビオティック料理。
パーソナルシェフから大人数のパーティー、人気のMAKIROBI弁当まで、オーダーに沿ったメニューを楽しめます。

> これまでの
> 仕事

1 人気のMAKIROBI弁当
彩りと栄養のバランスの取れたお弁当。山水でつくられた玄米のおにぎりも（予算：1人1,500円／20名分）

2 朝食ケータリング
見た目からも元気になれるようカラフルな野菜とフルーツのサラダを中心に（予算：1人2,000円／10名分）

1

2

3

4

3 オーダーケータリング
料理はグルテン＆シュガーフリー。旬の野菜とフルーツの甘さを楽しめる（予算：1人2,000円／30名分）

4 マクロビオティックプレート
リクエストに応じて提供するパーソナルメニュー。ベジタリアンでなくても親しめる味付けに（4名分）

Q. 料理のこだわりは？
マクロビオティックをベースに"MAKIROBI料理"を提供し、体に優しく環境にも良い、日本伝統食を伝えていきたいです。旬の新鮮野菜は農家さんから直接仕入れ、野菜本来の旨みを使った調理法を生かしています。固定メニューではなく、ご要望をお聞きしてからメニューを考えています。

Q. どのような宣伝をされていますか？
お客さまがイメージしやすいように、HPやブログ、各種SNSなどにケータリングやお弁当などの写真や料理の説明を掲載しています。2017年2月に『MAKIROBI弁当 野菜、玄米、豆類……おいしくて、ヘルシー！手軽に作れるマクロビオティック』（マイナビ出版）を出版しました。

START	2014年12月〜
WORK TO DO	ケータリング、パーソナルシェフ、ランチ出張料理、調味料等の商品販売
LICENSE	クシマクロビオティック クッキングインストラクター、食品衛生責任者、食品関係営業許可、普通自動車免許

How to Order？
ケータリングは10名〜で1名2,000円〜、お弁当は10名〜で1名1,500円〜。配達エリアは東京都内・近郊のみ。

◆ webサイト　http://www.makirobi.com

《 Daily Catalog 》

松島由恵
まつしまよしえ

[ワインを主軸にした ケータリング]

ワインと料理が大好きな松島さんが手がけるのは、ワインにピッタリの"ワイン飯"。おつまみからランチボックス、ケータリングまで、美しくておいしい料理が特徴です。

[これまでの 仕事]

1 重箱盛り合わせ
行楽弁当やお祝いごとでのオーダーが多い重箱盛り合わせ(予算:1人2,000円以上)

2 ランチボックス
野菜の彩りも上品な鴨ロースのランチボックス(予算:1人1,300円)

1

2

3

4

3 ワインに合うおつまみ
「ワインに合うもの」と依頼を受けたケータリング(予算:50,000円/15名分)

4 バースデーパーティー
こちらもワインに合う料理を提供したパーティーケータリング(予算:80,000円/30名分)

Q. 活動のきっかけは？

もともとは建築業界でつとめていたのですが、同業他社に転職した際に、うまくいかなかったんです。以前からワインと料理が好きだったので、「一度好きなことをやってみようかな」と、フランス料理店でアルバイトをしました。その後、開業して現在に至ります。

Q. 料理のこだわりは？

見た目も味も、普段家庭でつくるお弁当やおつまみとは違う"特別な料理"にすることを心がけています。野菜はいつも同じ無農薬農家さんから仕入れています。活動を続けるために、常に美しいもの、魅力的なもの、おいしいものをインプットするように意識しています。

START	2015年2月～
WORK TO DO	ケータリング、レシピ提供、フードコーディネート
LICENSE	食品衛生責任者、食品関係営業許可

How to Order ?

東京都23区内(神奈川エリアは要問い合わせ)でお弁当は1名1,000円～、15,000円よりオーダー可。問合せはwebサイトよりメールにて。

◆ webサイト　http://www.dorathefood.com

《 Daily Catalog 》

MOMOE
モモエ

[有機栽培の野菜を使った優しいごはん]

自然栽培、有機栽培の野菜にこだわり、化学調味料を使わず、からだに優しくおいしいごはんをつくるMOMOEさん。ケータリングのほかに、ピクルスの販売も手がけます。

[これまでの仕事]

1 春のちらし寿司弁当
13cmのわっぱ2段にお惣菜8品とちらし寿司を詰めて（予算：1名2,500円）

2 パーティーケータリング
婚約祝いのパーティーケータリング（予算：1名2,000〜2,500円）

1　　　　2

3　　　　4

3 お弁当ケータリング
ごはんとお惣菜を別々に詰めた2段のわっぱ弁当（予算：1名2,000円）

4 ランチケータリング
桜の葉を使ったおにぎり。決まったメニューを設けていないため、ニーズに合わせて用意

Q. 活動のきっかけは？
以前は飲食店で働いていましたが、出産を機に働き方を考えるようになり、今のスタイルになりました。

Q. 料理のこだわりは？
お米や野菜は、友人・知人に繋いでもらったご縁のあるところから仕入れています。お米は隠岐の島海士町のあいがもコシヒカリを使用。農家さんから送られてくるものは、その季節しか食べられないものも多く、旬を感じてもらえるようにしています。

Q. どのような宣伝をされていますか？
SNSで写真をアップ。お客さまによる投稿、口コミも大切です。雑誌などでのレシピ提供や著書も手がけています。

START	2011年1月〜
WORK TO DO	お弁当、ケータリング、フードコーディネート、レシピ監修、ピクルス製造
LICENSE	食品衛生責任者、調理師免許、飲食店営業許可、漬物製造許可

How to Order ?
お弁当は1名1,500円、合計10,000円〜、ケータリングは1名2,000円、合計15,000円〜。オーダーはメールにて。配達エリアは東京都内・近郊のみ。

◆ webサイト　http://momoegohan.com/

《 Daily Catalog 》

LIFE KITASANDO catering
ライフ キタサンドウ ケータリング

[旬の食材でつくる "おまかせ"弁当]

カフェレストラン開業を経て、ケータリングや商品開発、フードコーディネートなどを手がける田中美奈子さん。お弁当からテーマに合わせたケータリングまで、旬の食材を使い、記憶に残るアクセントのある味付けが特徴。

[これまでの仕事]

1 アメリカをテーマにした展示会
アメリカをイメージしたフードのなかには、その場で温めて食べるブリトーも（予算：50,000円）

1

2

3

2 お弁当ケータリング
満足感を得られるよう、サンドイッチの具はボリュームたっぷりに（予算：1,500円）

3 ランチケータリング
いくつものおかずをみんなで取り分けられるように（予算：約20,000円／12〜15名分）

Q. 料理のこだわりは？
旬の食材を使い、シチュエーションによって食べやすさを考えること。お弁当は人数、予算、ロケーションによって内容が毎回異なります。テーブルスペースがない場合、ひとつずつ食べやすいサイズにおにぎりなどはラッピング。スタジオ撮影現場のケータリングでは蓋ができる容器に少しずつシェアしていただけるメニューを提案しています。ベジタリアンの方には可能な範囲でお肉抜きのメニューも。

Q. 活動を続けるために工夫されていることは？
お弁当の内容をおまかせいただいていることもあり、カフェレストラン時代にご来店いただいた方や、過去にお弁当を食べていただいたことのある方のみご依頼をお受けしています。

START	2010年5月〜
WORK TO DO	ケータリング、フードコーディネート、イベント出店、ワークショップ、商品開発、コンサルティング、講師業、レシピ提案
LICENSE	食品衛生責任者、食品関係営業許可、普通自動車免許

How to Order？
お弁当の内容はおまかせのみ、合計10,000円〜。オーダーメイドケータリング、お弁当オーダーは問合せフォームにて。活動拠点は東京都。

◆ webサイト　http://www.life-kitasando.com/

COLUMN

ケータリングに使えるツールあれこれ

盛り付け用のお皿から、搬入搬出や仕込みに便利な道具、
そしてランチケータリングやマーケット出店で使えるフードパックなど、みなさんの愛用ツールをご紹介。

(TOOL)　仕込みや搬入時にはどんなツールが使われている？
愛用の理由を聞くと、その使いやすさ、便利さが見えてきます。

01 無印良品の布製ボックス
生地の内側がコーティングされている上に、布製で軽いので搬入時に食材や資材を運ぶのに便利。折りたたんでコンパクトにしまえるのも◎。(モコメシ／P32)

02 大きめのカゴバック
市場かごとしても使われているバッグ。おひつやお米など、重いものを入れてもかたちが崩れない。また、口が大きいので荷物の出し入れもストレスなく行える。(山角や／P62)

03 木製のカトラリー
サラダなど大皿料理を取り分けるために使うカトラリー。盛り付けるお皿がシンプルでも、少し個性的なカトラリーを添えることでオリジナリティを出すことができる。(hoho／P14)

04 密閉できるホーロー容器
おむすびの具を入れて使用している無印良品の「密閉フタ付きホーロー」。同じ容器で揃えることで統一感を出し、具の特徴や違いを見やすくする効果も。(山角や／P56)

05 重さがひと目でわかるボウル
ボウルにはすべて重さを書いて使用。こうすることでボウルに入れて材料を量るとき、素早く材料の重さがわかって作業がスムーズになるそう。(wato kitchen／P56)

ZOOM

(PLATE)

パーティーで大活躍の大皿から、どんな料理にも合わせられるシンプルなものまで、提供方法によって使い分けるプレート。

06 スタッキングできる器
重箱のように重ねられる陶器の器は、ケータリングで料理を運ぶときに便利。蓋も器として使用でき、同じ器でディスプレイすることでテーブルに統一感も生まれる。(nagicoto／P8)

07 木製の大皿
横50cm×縦40cmほどの大きな木皿は、色鮮やかなカナッペを盛り付けるために使用。レンタルのため、油が多いものはシミがつく可能性があるため避ける。(hoho)

08 軽くて運びやすい木の器
コロッケを盛り付けるために使用した、和食にも洋食にもなじむ小ぶりの木皿。油が染みないように、懐紙を敷いて使用。木皿は軽いので、荷物を軽量化するメリットも。(モコメシ)

09 カラフルなオーバルプレート
パスタやサラダなど、オーバルプレートは料理を盛り付けるときにバランス良く見える優秀アイテム。鮮やかなブルーがテーブルを一層華やかにしてくれる。(hoho)

10 ディスプレイにも使えるバット
ホーローのバットは仕込みで使うことが多いが、カナッペやデザートなど、ディスプレイで使うことも。深さがあるので、ソースが多い料理にもオススメ。(hoho)

11 使いやすいシンプルプレート
プレーンな白い丸皿はどんな場所・料理でも使える優れもの。モコメシさんはお皿をなるべく持たないようにしているため、レンタルサービスでその都度手配。(モコメシ)

(DISPOSABLE CONTAINER)

フードパックや紙皿にもちょっとした個性がほしいもの。マーケットに使えるスタンダードなものから、華やかなパーティーまで使える資材を集めました。

12 陶器のような紙皿
美しいフォルムが特徴の紙皿「WASARA」は、パーティーのテーブルにピッタリのアイテム。お椀型のコンポートや、コーヒーカップも手に持つとしっくりと馴染む。(nagicoto)

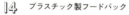

13 スープカップ
フタ付きのカップはマーケット出店でのスープ販売で使用。温かいものでもお客さまが持ちやすいように、二重タイプをセレクト。(wato kitchen)

14 プラスチック製フードパック
お弁当のケータリングでは、重ねて運ぶ必要があるためプラスチック製が◎。ボリュームを重視するため、サイズは大きめの縦22cm×横15cmがベストなのだそう。(nagicoto)

15 ロゴ入りのバッグ
スマホアプリで文字を組み合わせてデザインし、包材屋さんのキャンペーン中を狙って無料でプリントしたという、テイクアウト用ビニール袋。(東京オムレツ／P84)

16 紙製フードパック
移動販売の場合はできたてをすぐに提供するため紙製フードパックでも問題ないが、ケータリングなど渡すまでに時間がかかる場合は、水分を吸ってしまうことも。(東京オムレツ)

(MENU STAND)
メニュースタンドのつくり方

ケータリングやマーケットで必須のメニュースタンド。
料理名のほかに、食材の産地や食べ方の説明としても使える。

01 厚手のコピー用紙にメニュー名を印刷し、名刺サイズにカット。

02 印刷した紙と同じ厚手のコピー用紙をふたまわりほど小さくカットする。

03 02 でカットした紙が半分になるように定規を当て、千枚通しで跡をつける。

04 03 で跡をつけた部分を折り曲げ、01 を貼り付ければ完成。

POINT 千枚通しを使うとキレイに仕上がる!

 完成！   FRONT   SIDE

SHOP LIST
ネットで購入できる資材SHOPと食器リースSHOP。

資材SHOP

● **WASARA**
環境に優しく、美しい紙の器を手がける「WASARA」。お皿のほかに、コーヒーカップやワインカップ、カトラリーまで一式揃う。
http://www.wasara.jp/

● **プロパックかっぱ橋.com**
食材・テーブルウェア・食品容器・包装資材・製菓製パン資材・清掃用品・店舗用品など30,000アイテム以上が卸価格で購入できる。
http://www.propack-kappa.com/

● **パックウェブ.ビズ**
包装資材・食品容器などのオンラインカタログ見積り販売サイト。パッケージのデザインや名入れ別注商品にも対応。
http://www.packweb.biz/

食器レンタル

● **ファースト・メイト**
パーティー、ケータリング用品のレンタルサービス(事前に登録が必要)。洗浄済の状態で届くのでそのまま使用できる。
http://www.first-mate.co.jp/

● **OKS RENTAL**
ネットとFAXで注文でき、日本全国配送可能。また、輸送日数がかかる遠隔地はお得なJITBOXチャーター便も。
http://www.oks-rental.co.jp/

● **UTSUWA**
食器・クロス類・天板など、キッチン、テーブルまわりの撮影用小道具を扱うレンタルショップ。個人でも登録可能。
http://www.awabees.com/user_data/utuwa.php

PART 02
PARTY

結婚式やレセプションなど、多くの人が集まるパーティーには
華やかなフードが欠かせません。
パーティーのコンセプトに沿ったフードの提供だけでなく、
ディスプレイや会場の装飾までを手がけるケースもあり、
オリジナリティやアイデアが求められます。

モコメシ	32
中村 優	38

《 Party Catalog 》

相川あんな／あんな食堂	44
AyakaCooks.綾夏	45
CORI.	46
humi hosokawa	47
山フーズ	48
RAIMUNDA CATERING SERVICE	49

PARTY 03
モコメシ

ウエディングやオープニングパーティーへのケータリング、レシピ開発、広告のスタイリングなど、幅広い活動を展開するモコメシさん。食べる時間・空間を含めた演出が特徴です。

〔CONCEPT〕モコメシさんのコンセプト

食べる時間と場所、そのすべてが
心に残るデザインと料理を手がける

お祝いの日、パーティー、イベントなど、ケータリングをオーダーする側にとってその日は"誰かをもてなす"特別なもの。モコメシさんのフードは、オーダーする側がその場を"どんな空間にしたいか"によって食べるシチュエーションを含めて提案されます。例えば、フードを手に取る行為や、食べ終わったあとまでワクワクするような仕掛けを含めて、モコメシさんのケータリングなのです。そんなフードがある空間は、人と人のコミュニケーションを生み、"おいしい"という記憶とともに"楽しい"思い出が心に刻まれます。

〔ARCHIVE〕
今までのお仕事

結婚パーティーのケータリング

「これまでの繋がりが実り、収穫する」をテーマにした結婚パーティー。高い位置にフードを並べたり、吊り下げることで、木の実を収穫するような動作を促す。

初の海外個展（シンガポール）

「食べ残したソース」をテーマにしたインスタレーションとともに、6色のソースとパンを振る舞った個展。コンセプトから材料調達、調理、展示までを手がける。

授賞式でのケータリング

串には、クライアントのロゴをあしらった旗が付けられ、食べ終わるとテーブルにセッティングされた筒へ。おなかいっぱいになる頃には、葉と旗のオブジェが完成。

〔How to make〕

ある日の **古民家ウエディングができるまで**

依頼を受けたのは、古民家を受け継いだカップルの親族を招いたパーティー。大切なハレの日、モコメシさんらしい工夫でリクエストに応えます。

〔ORDER〕
オーダー内容

1 お年寄りから子どもまで、食事を楽しめる会にしたい
2 祖父から受け継いだ古民家でみんなをもてなしたい
3 庭で採れた筍を料理に使ってほしい

打ち合わせを経て
レシピと飾り付けを提案

まずは招待客の年齢層や人数、予算、会場、そしてどんな会にしたいかのイメージを新郎新婦と打ち合わせ。「ゆっくりと会話を楽しんでほしい」というリクエストを受け、大きなテーブルを囲んでひとり1皿ずつのプレートと、みんなで食べられる大皿料理を用意することに。

搬入出は
レンタカーを
手配

仕込みは2日間にわける

料理ごとに工程を書き出し、仕込みに時間がかかるものを前日、火を通すものやカットするものは当日の朝に準備。同じ食器がいくつも必要なため、前日に届くように食器リースも手配。リース食器は洗浄しないで返却できるので便利(会社によっては別途料金が必要)。

会場のセッティングと料理の準備

料理の仕上げ、盛り付け、そして配膳を同時に行うためスタッフ3名とともに会場入り。スムーズに提供できるよう、会場で調理するのはできたてがおいしい揚げ物のみ。食べ終えたお皿は、そのままリース返却用のボックスに入れて持ち帰るので洗い物も溜まらない。

〔MENU〕今日の料理

用意した料理は全9種、44人分。大人用プレート37皿と子ども用プレート7皿にはじまり、大皿料理7種計49皿を順に提供。スタートからすべての料理を出し終えるまでの時間は約2時間。古民家で使われていたお皿も利用し、お客さんは「懐かしい！」と会話も弾みます。

［ワンプレート］

大人用（左）と子ども用（右）プレート（全44皿）
子ども用は小さな子どもでも食べやすいフィンガーフードに。

［大皿／各7皿］

春野菜の揚げ浸し
年配の方も食べやすいように、優しい味付けにした春野菜。

豚肩ロースのコンフィ
事前に仕込んでおけるコンフィは、会場でカットするだけで提供できる。

食用に育てられたエディブルフラワーで春らしく

筍の天ぷら
新郎新婦が採ってきた筍と、庭で採れた山椒の葉を使った天ぷら。

牛肉コロッケ
会場で調理したコロッケは揚げたてアツアツ。子どもたちにも人気。

春の花サラダ
エディブルフラワーを使った花畑のようなサラダ。

アボカドとジャガイモのコロッケ
野菜の甘みが口に広がるコロッケ。

ちらし寿司
シソや紫キャベツを使った華やかなちらし寿司。

最後はちらし寿司を小皿に移し替えて、撤収の準備

PART 02　PARTY　Mocomeshi

35

〔DATA〕

NAME　モコメシ／小沢朋子さん

START　2010年5月〜

WORK TO DO　☑ケータリング　☑レシピ開発　☑スタイリング　☑執筆

LICENSE　食品衛生責任者、食品関係営業許可、普通自動車免許

"食"を囲むコミュニケーションを空間を含めてデザインする

——活動開始のきっかけは？

学生の頃からケータリングのマネごとをしていて、好きが講じて徐々に現在の状態になりました。デザインを勉強していたので、まわりにファッションショーやイベントをやる友人たちも多く、「パーティーでごはんをつくってほしい」と頼まれていたんです。インテリアの設計事務所に就職したあとも、週末を使って友人の個展やイベントに差し入れ感覚で食べものをつくり続けていたところ、徐々に外からも依頼が舞い込むようになってきたんです。きちんと場所を構えて、営業許可を取得しないと受けられない仕事にもチャレンジしたいと思うようになりました。保険にも加入しないとかなりのリスクを背負うことになりますしね。また、魅力的なお誘いをいただいても、就職している頃はモコメシの活動にかけられる時間が限られていて、徐々にそれが"もったいない"と感じるようになったんです。自由に動ける時間をつくりさえすれば、もっとこんなに面白い人たちと仕事ができるかもしれない。そんな可能性を感じて、会社を退社することを決意しました。私自身は、今もデザイナーとして仕事をしている感覚なので、つくるものがインテリアから料理に変わっただけで、やっていること自体は大きく変わりません。それよりも、会社に属するか個人でやるか、その違いのほうが大きかったと思います。

——活動をはじめて大変だったことはどんなことですか？

誰かに教わった経験がなく、手探りではじめたので、当初は仕込みも片付けもひとりでやっていたんです。徹夜することも多かったんですが、さすがに"これは無理だ"と思い、仕込みから知人に手伝ってもらうようになりました。今お願いしているスタッフは、知人に紹介してもらったり、イベントなどでケータリングに興味のある方が声をかけてくださるので、名刺をいただいて後日ご連絡することもあります。

——活動のなかで強く意識されていることは？

ケースバイケースですが、多くの場合、主役は料理ではないと思っています。例えば、ウエディングの場合は新郎新婦が"ふたりで頑張っていきます"というお披露目が目的ですし、企業の展示会の場合はPRが目的だったりします。ごはんを目的に来る方はいないんですよね。目的を見失わないことは大切で、ウエディングなら新郎新婦のメッセージが伝わるような料理や、展示会なら商品がより良く伝わるような工夫を考えます。目的が毎回変わるので、食べ物の内容やディスプレイがその都度変わることも自然なことだと思っています。

〔STYLE〕 モコメシさんのお仕事ルール＆決まりごと

ウエディングなどの大型ケータリングが得意

ディスプレイも含めたケータリングが強みだからこそ、打ち合わせを重ねてつくる大型のケータリングを得意としている。逆に、個人宅やお弁当の配達などは、あまり受けられないそう。

レシピ開発などケータリング以外の仕事も

地方の生産者を盛り上げるために、レシピ開発を行ったり、食材のおいしい食べ方を提案するのも重要なこと。食を通して新たな価値観を生み出すのも、モコメシさんが考えるフードデザインのひとつ。

〔MUST TOOL〕 料理や考え方のヒントになった品や必需品

スパイス
「好き嫌いなく、誰でも食べられる味だけど、ひと味違うものにしたい」。スパイスを使った料理はモコメシさんの特徴でもある。

ばんじゅう
「ディスプレイで使うこともありますが、細々としたものを運ぶとき、薄くてスタッキングできるのでよく使用しています」。

エディブルフラワー
植物の使い方はモコメシさんの特徴のひとつ。エディブルフラワーは鴨川で良い生産者さんに出会ってからよく使っているのだそう。

〔SCHEDULE〕 パーティーまでのスケジュール

〈2ヵ月前〉	依頼を受け、スタッフを確保
〈1ヵ月前〉	クライアント打ち合わせ
〈3週間前〉	レシピ提案
〈1週間前〉	レンタル品、レンタカー、備品の手配
〈3〜4日前〉	食材の仕入れ
〈前日〉	料理仕込み
〈当日〉	搬入、ディスプレイ料理の仕上げ

PROFILE プロフィール

モコメシ／季節の素材を使いながらスパイスをちょっぴりかせ、気張らない驚きのある料理が特徴。著書に『大人もサンドイッチ』（グラフィック社）、『モコメシ おもてなしのふだんごはん』（主婦と生活社）。

How to Order ? オーダー方法

レセプションやイベントへのケータリングは、フード100,000円〜（＋諸経費）オーダー可。

◆ webサイト　　http://www.mocomeshi.org/
◆ 問い合わせ　　mocomeshi@gmail.com

PARTY 04
中村 優

タイを拠点に、魅力的な食材や生産者、そして各国の家庭料理を求めて世界を飛びまわる中村 優さん。その魅力をさまざまな方法で伝え、"おいしい"から生まれる笑顔を広げています。

〔CONCEPT〕 中村 優さんのコンセプト

・食を通して文化を伝え、笑顔をシェアする
・食材や生産者を、料理を通して伝える

学生時代から世界各国を旅していた中村 優さん。旅先で出会った家庭料理や、魅力的な生産者、食べたことのないおいしいものに惹かれた体験が、中村さんの活動に落とし込まれています。ケータリングやポップアップレストランでは、世界の台所で学んだ料理や、おばあちゃんの生き様が凝縮された郷土料理と、これまで出会ってきた魅力的な食材がひとつになって提供されます。中村さんが手がける料理を囲むと「これはどこの国の料理?」「誰がどんなふうに育てたもの?」「誰に教わったの?」と自然に会話がはずみます。

〔ARCHIVE〕

今までのお仕事

"おいしい"のおすそ分け「YOU BOX」

旅先で出会ったおいしい食材や加工品と、それらを丁寧につくる生産者を紹介するブックレットがセットで届く「YOU BOX」。ブックレットの写真や文章は中村さんが手がけたもの。

おばあちゃんのレシピ

これまで100人(15ヵ国)以上のおばあちゃんに出会い、さまざまな国や時代のもと、彼女たちが生き抜いてきたレシピを教わったそう。それらのレシピをまとめた著者『ばあちゃんの幸せレシピ』(木楽舎)も刊行。

ポップアップレストラン

訪れた国の料理を振る舞うイベントや、ポップアップレストランを開催するほか、パーティーケータリングも手がける。イベントやパーティーの趣旨に沿って、自身が出会ったレシピや食材をセレクト。

〔How to make〕

ある日の アウトドアウエディングができるまで

中村さんが手がけた、青い空が眩しいアウトドアウエディング。
新郎新婦のこだわりを、料理で表現していきます。

〔ORDER〕
オーダー内容

1　みんなが仲良くなれるような料理を提供してほしい
2　友人たちが住む土地の特産品を使ってほしい
3　ウエディングケーキも製作してほしい
4　予算は1人4,000円、150名分

新郎新婦と打ち合わせ後、食材のリサーチ

新郎新婦は全国各地に友人がおり、友人たちが住む土地の特産品を使ってほしいという希望があったため、3ヵ月前から食材をリサーチ。まだ訪れたことのない土地には自ら足を運ぶ。中村さんにとって、食材の背景を知ることはレシピを考えるときにとても重要なのだそう。

料理の試作とスタッフの確保

レストランのシェフとチームを組むのも中村さんの特徴。「依頼に対して何を提案できるかを考えることが重要で、それを最大限表現できる方の力を貸していただいてます」と中村さん。また、チームを組むことでレストランの厨房を使用でき、仕込み場所が確保できるメリットも。

当日は5人のスタッフで盛り付けとディスプレイ

前日までに前菜やソースなどの仕込みを済ませ、当日は会場のディスプレイと盛り付け、そしてアツアツで提供するもののみを会場で火入れ。夏場の屋外でのパーティーだったため、酢をきかせたピクルスや押し寿司など、メニューを考える際も安全性をいちばんに配慮。

〔MENU〕
今日の料理

メイン料理は、新郎の友人たちが住む北海道・秋田・島根・福岡から取り寄せた食材を使った押し寿司。産地と食材を記載したシートにアクリルボードを載せ、日本列島のかたちにディスプレイ。また、季節が夏だったため安全性に配慮し、ケーキにはバタークリームを使用。海産物は浜焼きで提供し、すぐに食べてもらうよう工夫。

みんながつながる押し寿司
各地の特産物を使った押し寿司は、そこに住む友人の顔が浮かぶ一品。

ウエディングケーキ
秋田から取り寄せたキイチゴを練り込んだピンクのケーキ。

> 日本列島と各地の食材を記入したシートは、イメージを伝えてデザイナーに依頼

> 飛騨の森の間伐材や端材を、料理を取り分けるお皿として使用

アツアツの浜焼き
サザエとエビは火を通したあとすぐに食べてもらえるよう、浜焼きに。

〔DATA〕

NAME 中村 優 さん

START 2010年12月～

WORK TO DO ☑ケータリング ☑レシピ開発 ☑商品開発 ☑執筆

LICENSE 食品衛生責任者、普通自動車免許

「おいしい」の背景にあるさまざまな物語を、料理を通して伝える

── 活動開始のきっかけは？

学生のときにヨーロッパに3ヵ月ほど滞在していたんですけど、いろんな人の家に「料理をするから宿泊させて！」と言って泊まらせてもらっていました。そのうち、食を通して交流すると、仲良くなるのがすごく早いなと実感して。当時の私は、社会の問題をどうやってビジネスで解決するかということに興味があり、社会起業家の生き方に憧れていたんです。いろんな方にお会いしてお話を伺ったりしていたんですけど、「私は何を軸にしていこう？」と考えたときに、いちばん身近にできることが料理かなと思ったんです。その後、料理の師匠ともいえるシェフに出会って、レストランで働きはじめました。シェアハウスに住んでいたので、そこで料理を振る舞うことも多く、友人が主催するパーティーやイベントで依頼されたことをきっかけに、徐々に料理をする機会が広がっていきました。

── 「YOU BOX」や「おばあちゃんのレシピ」などのユニークな活動はいつから？

レストランで働きながら編集の仕事をしていたんですけど、2013年頃に師匠のもとを離れて、そこからいろんなところを転々と旅するようになりました。生産者さんを訪ねるようになったのは、単純にすごく元気な野菜を見たときに

「一体どういう人がつくっているんだろう？」と会いたくなったから。同時期に、すごくいいシワがあるおばあちゃんは、どんな生き方をしてきたのかにも興味があったので、追いかけて行きました。どの活動も、純粋に"会いたい"という欲求からスタートしています。おいしいものや、魅力的な方に出会うと、それをどうやって伝えようかと考えるんですよね。私が体験した「おいしい！」をそのまま体験してもらいたいんです。

── 料理を提供するときに、心がけていることは？

どんな状況で食べてもらうかをすごく考えます。例えば、わざと大盛りにして会話が生まれる環境をつくったり、時間が限られているようなパーティーではフィンガーフードでサクッと食べられるようにしたり、知らない人同士が集まるような場所ならそれぞれが自分でサンドイッチをつくれるようにして、会話のきっかけをつくったり。状況によって料理だけでなく、提供方法も同時に考えます。ケータリングをはじめた頃は、すごく料理が残ってしまったり、逆にすぐになくなってしまうこともありました。それは現場の状況をあらかじめ把握しておくことで、ある程度避けることができると思います。やっぱり、おいしいものがある空間には、みんなの笑顔が溢れていてほしいですから。

〔STYLE〕 中村 優さんのお仕事ルール、決まりごとを紹介

レストランのシェフと
チームを組む

ベストな状態でアウトプットするために、案件ごとにシェフに声をかけてチームを組む。こうすることで料理のクオリティを高めるとともに、飲食店営業許可を持つレストランで仕込みが行える。

依頼を受けられないときは
案件に合う仲間を紹介

各地に赴いてのリサーチが欠かせないことと、拠点がタイにもあるため頻繁にケータリングを引き受けることは難しい。依頼を受けられないときは、これまで一緒に手がけたチームを紹介することも。

〔MUST TOOL〕 仕事道具から料理や考え方のヒントになった大切な品々

『マスタードをお取りねがえますか。』
西川 治（河出文庫）

「自分らしい表現を考えるきっかけになった本です "今この時代に、自分だったら何を伝えられるだろう?" と考えさせられました」。

ノート

取材したおばあちゃんや生産者さんに教わったこと、アイデアを書きとめたノート。中村さんの旅に欠かせない。

トランク

いつも旅先で見つけた "おいしいもの" が入っているトランク。「次に向かう先でそれをどう使おうかワクワクしながら考えます」。

〔SCHEDULE〕
1週間のスケジュール

〈月〉 MON　クライアントと打ち合わせ

〈火〉 TUE　出張

〈水〉 WED　出張先で小道具や面白い調味料をリサーチ、調達

〈木〉 THU　執筆やレシピ開発などの打ち合わせ

〈金〉 FRI　日持ちがするものの調理

〈土〉 SAT　野菜のカットや下処理など

〈日〉 SUN　パーティー当日。朝から火入れを行い、会場へ搬入

PROFILE プロフィール

中村 優／これまで33ヵ国の台所に立ち、食を通じた文化交流や家庭料理を学ぶ。2015年、食にまつわるプロジェクト『40creations』を立ち上げ、現在タイと東京に拠点を置いて活動中。

How to Order ? オーダー方法

ケータリングは1名3,500円、70名〜（約25万円〜）。ポップアップレストランやイベント情報はWebサイトにて。

◆ webサイト　http://40creations.com/

≪ Party Catalog ≫

相川あんな／あんな食堂
あいかわあんな／あんなしょくどう

[シーンに合わせて組み立てる多国籍料理]

都内近郊でケータリングやイベント出店、飲食店のメニュー開発やグランピングの料理監修等を手掛けるあんな食堂さん。料理の美しさや素材の彩りで、ひとくちめの感動や驚きを届けます。

[これまでの仕事]

1 パーティーケータリング
足柄SAグランピング施設のオープニングレセプション。すべて御殿場産の食材を使用した料理に

2 撮影現場へのケータリング
ひよこ豆のペーストグリル 野菜のベジチャパタサンド、生ハムとマッシュルーム 春菊のサンドイッチ

2

3
4
1

3 撮影現場のランチプレート
鎌倉古民家にて。海外のモデルの方や女性が多い現場だったため、野菜多めで華やかに

4 ウエディングパーティー
葉山の古民家で行われた婚礼二次会。要望を詳しく聞き、柔軟に対応した料理を提供（予算：1人5,000円／50名分）

Q. 料理のこだわりは？
野菜は地元産の無農薬野菜を使用、調味料もできる限り自家製に。「こころにからだにやさしいごはん」をコンセプトに料理をつくっています。ベジタリアン、ヴィーガンメニューにも対応しています。

Q. 活動のきっかけは？
レストランで働いていた20歳の頃、個人でケータリングをされている方に出会い、飲食店以外の料理の仕事に興味を持ちました。まずは料理の経験や感性、実力がないと個人で仕事はできないと思い、レストラン数軒、ケータリング会社、海外での飲食店勤務を経てケータリングユニットとして活動。2014年に独立しました。

START	2014年4月〜
WORK TO DO	ウエディング・レセプションパーティ・撮影現場ケータリング、フードコーディネート、フードスタイリング、イベント出店、飲食店のメニュー考案監修
LICENSE	調理師免許、食品衛生責任者、フードコーディネーター3級、普通自動車免許

How to Order？
ケータリング60,000円〜＋交通費（例：1人2,000円×30名）／HPの問合せフォームより、日時・人数・予算・場所・ご連絡先を明記のうえ、内容等を相談。

◆ webサイト　http://anna-kitchen.com

≪ Party Catalog ≫

AyakaCooks.綾夏
アヤカクックス

[海外のテーブルを囲むように]

まるで海外の雑誌から飛び出したようなテーブルスタイリングと繊細な料理。非日常な空間までをもつくり出すAyakaCooksさんのケータリングは、パーティーを視覚と味覚の両方から素敵に盛り上げます。

[これまでの仕事]

1 レセプションパーティー
ブルスケッタをキャンドルの灯りでセッティングした店舗のレセプションパーティー(予算：8品110,000円/20名分)

1

2

3

2 展示会へのケータリング
オープニングパーティーらしく、野菜やフルーツそのものの色彩で華やかに(予算：7品75,000円/15名分)

3 クリスマスパーティー
友人主催のクリスマスパーティー。海外のガーデンパーティーのようなスタイリングで(予算：5品80,000円/10名分)

Q. 料理のこだわりは？

お洒落な料理、フルーツを使った料理にこだわっています。海外のレシピ本や料理雑誌、料理番組などを参考に、見た目も美しく美味しい料理を心がけています。食材は契約農家さんの野菜やフルーツを使用しています。

Q. 活動のきっかけは？

ヴァイオリンを学ぶため15歳で単身渡英し、多彩なヨーロッパの食文化に触れ、若くして食の楽しみに気付きました。4年間をロンドンで過ごして帰国後、フードコーディネーターSHIORI氏、フードデザイナー小沢朋子(モコメシ)氏のアシスタントを経て独立。海外生活で得た感性と日本の端正な美的感覚を大切に活動しています。

START	2016年8月〜
WORK TO DO	ケータリング、パーティーケータリング、料理教室、外国人向け料理教室、レシピ開発、貸しアトリエ、出張シェフ
LICENSE	食品衛生責任者、普通自動車免許

How to Order？

受付人数5名分〜、最低合計金額￥60,000〜、東京都内・近郊オーダー可。オーダーはメールにて。

◆ webサイト　http://www.ayakacooks.com/
◆ メール　ayakacooks@gmail.com

≪ Party Catalog ≫

CORI.
コリ

> ポップでキャッチーな
> ヴィーガンメニュー

日本ならではのオリジナルヴィーガンフード&ドリンクを展開しているCORI.さん。
オーガニックを優先し、マクロビオティックや自然食から学んだ調味料や調理法を生かした料理を提供しています。

> ある日の
> パーティー

ウエディングパーティー
手に取りやすいフィンガーフードを中心に。テーブルコーディネートも（予算：1人8,000円／60名分／コーディネート料別）

1

2　　　　　　3

1 フルーツの盛り合わせは、ロングテーブルに季節のお花を合わせてコーディネート

2 あざやかな緑色のソースがテーブルを華やかに彩る、三浦大根のステーキ

3 五分搗米の雑穀ときのこのおむすび柚子風味。野菜はファーマーズマーケットで出会った農家さんや親族から

Q. 料理のこだわりは？

日本にヴィーガンのお店がほとんどないことに気付き、開業当初からヴィーガンメニューのみで営業しています。フードトラックもケータリングもフードスタンドも、すべての活動が自然と繋がっていったのは、こういった業態を選んだからこその強みだと考えています。

Q. 活動を続けるために工夫されていることは？

営業するためのコストを極力少なくしました。基本的に夫婦ふたりで活動してきましたし、食材にこだわるとメニューの原価が上がってしまいますが、そこは削らず、その他の備品や看板フライヤー等は積極的にDIYし、宣伝費もかけていません。SNS等のクチコミ・HPからのご依頼やご来店がほとんどです。

START	2010年3月〜
WORK TO DO	フードスタンド、ケータリング、デリバリー、フードトラック、フードコーディネイト、フードスタイリング
LICENSE	調理師免許、食品衛生責任者、各種営業許可、普通自動車免許

How to Order ?

希望する依頼内容・日時・場所・人数・予算の詳細を明記のうえ、HPから問合せを。

◆ webサイト　http://www.cori-vege.com

═《 Party Catalog 》═

humi hosokawa
フミホソカワ

[パーティーを盛り上げる "会話の種"になるフード]

意外な組み合わせや、珍しい素材をお皿のなかで出会わせると、食べる人が「おっ!」と発見する喜びが生まれます。はじめて出会う人も多いパーティー会場で、思わず隣の人と話したくなる料理を提供。

[ある日の パーティー]

忘年会へのケータリング
仲の良い友人たちの集まりのため、ナチュラルで温かみのある雰囲気を演出（予算：1人3,500円/35名分）

ZOOM

自分で好きなチップを選び、オリーブとケッパーのポテトサラダを着せ替えるようにして楽しむ

1

2

1 自家製ハムと、りんごと豚肉のラグーパスタ。ルッコラを和えてサラダ仕立てに

2 デザートはバターでソテーしたバナナのワッフル、バターナッツのパウンドケーキ

Q. 料理のこだわりは？
斬新さや意外な組み合わせを楽しめる工夫をしています。素材の味をわかるようにし、お客さま自身も「一緒に食べるとおいしいかも!」といった発見で盛り上がれるようにしています。

Q. 活動を続けるために工夫されていることは？
知識を体感してインプットすること。ディスプレイやデザインは百貨店のショーケースや電車広告も参考に。料理の技術はときどきレストランで働いて、シェフから学びます。

Q. 仕入れ先はどのように決められていますか？
食材の情報も得られるように築地や仲の良い八百屋さんを選びます。もちろん、スーパーでの"安売り"なども利用します。

START	2015年8月〜
WORK TO DO	ケータリング、料理教室
LICENSE	調理師免許、食育インストラクター、普通自動車免許

How to Order？

最低人数15名〜、1人3,500円（もしくは最低料金52,500円）〜オーダー可（搬入費別途）。配達エリアは東京都内、出張費応相談で地方へのケータリングも可。

◆ webサイト　http://www.humihosokawa.com

47

═══ 《 Party Catalog 》 ═══

山フーズ
やまフーズ

[おいしく、楽しく。
"食べる"新体験を提案]

アートやファッションのイベントやレセプションをはじめ、広告撮影、ワークショップなど、さまざまな活動を行う山フーズさん。空間演出も含めて"食べること"を体感できる仕掛けを生み出すのが特徴です。

[ある日の
パーティー] **ミロコマチコさん個展オープニング**
「たいよう」「ねっこ」「いきものたち」をテーマにした3つのテーブルと空間演出を担当。テーブルクロスに絵を描いてもらい、その上にアクリル板を載せてフードを盛り付け。食べ進めると、クロスの絵と混ざり合う仕掛け（200名分）

1

2

1　展覧会タイトル「たいようのねっこ」を吊るしたグリッシーニで表現。土に見立てたのはガトーショコラを崩したもの

2　中央にはゴマにミニ野菜や枝のようなグリッシーニ、根菜を埋めて。収穫するような気分を味わいながら楽しめる

Q. 料理のこだわりは？
コンセプトや空間に合わせて何をどのように食べていただくかを考え、空間演出やメニューを考えます。食べることで生まれるコミュニケーションや場の高揚感を大事にしていますが、いちばん大切にしているのは、料理として最善の状態でおいしく提供することです。

Q. 依頼の際に必ず確認することは？
予算、人数、会場の情報、コンセプト詳細、内容（フードの形態のご希望、テーブルセット演出の有無、スタッフ常駐の有無、ドリンクの有無など）をお聞きして、その都度内容や見積もりを検討しています。予算から可能な内容をご提案させていただくこともあります。

START	2009年〜
WORK TO DO	空間演出を含めたケータリング、イベント企画、各種撮影のコーディネート、ワークショップ、執筆、講師
LICENSE	食品衛生責任者、飲食店営業許可、菓子製造許可、普通自動車免許

How to Order ?
内容により条件等も異なるため、最低人数や最低料金など一律の決まりはなし。東京都内・近郊以外のエリアでも相談により可（要出張費）。ただし、内容によっては受けられない場合もあるので要相談。

◆ webサイト　http://yamafoods.jp/

《 Party Catalog 》

RAIMUNDA CATERING SERVICE
ライムンダ ケータリング サービス

[地元の食材を使い、"愛のある食事"を届ける]

展示会やイベントなどのパーティーケータリング、お弁当などシチュエーションに応じたフードデザイン＆スタイリングを手がけ、化学調味料や添加物を使わない"ほっとする食事"を届けます。

[これまでの仕事]

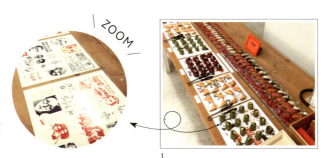

ZOOM

1 メガネブランドの合同展示会
フードを載せたプレートも、この日のために制作（予算：1人2,000円／100名分）

2 企業のケータリング
色鮮やかなフードに合わせ、花を使ったディスプレイも担当（予算：1人2,500円／70名分）

3 阿波おどりイベント
徳島県阿波市産の食材を使ったフィンガーフードを提供。中央にはその食材もディスプレイ（80名分）

4 アパレルブランド展示会
ドリンク＆スイーツを提供。テーブルコーディネートのテーマは"HARVEST（収穫）"（2日間で200名分）

Q. 料理のこだわりは？
常に食べる人のことを考えた献立づくりを心がけ、食べたときに"ほっこり"幸せを感じられるように調理しています。季節のおいしいものを食べてもらいたいので、スタンダートなもの以外にも、季節ならではのメニューを提案し、献立は毎月更新します。調味料や精肉は九州＆四国から定期的に取り寄せ、野菜は地元である愛媛県今治市の直売所から取り寄せています。

Q. どのような宣伝をされていますか？
ケータリングの規模によって少人数のスタッフで手がけることもありますが、基本的にはひとりで活動しているため、宣伝にあまり時間をかけられません。更新がしやすいInstagramやFacebookで、その日手がけた料理をご紹介しています。

START	2016年2月〜
WORK TO DO	ケータリング、フードコーディネート、オーダーケーキ
LICENSE	食品衛生責任者、普通自動車免許

How to Order ?
パーティーケータリングは最低合計金額24,000円〜、お弁当は1人1,000円〜＆最低合計金額10,000円〜、東京都内・近郊オーダー可。問合せ＆注文はメールにて。

◆ Instagram　@raimunda_catering
◆ メール　raimundacater@gmail.com

COLUMN

キッチンアトリエ訪問

ケータリングを行うには、飲食店営業許可を得た仕込み場所が必要です。
ここではモコメシさんとwato kitchenさんのキッチンアトリエを紹介します。

お気に入りのものが並ぶ モコメシさんのアトリエ

MOCOMESHI'S ATELIER

下町にあるビルの1階を改装したモコメシさんのアトリエ。業務用キッチンと大きなテーブルがレイアウトされた空間では、展示会やワークショップなどが行われることも。大きなテーブルは、ケータリングの仕込みをするとき、作業台として利用。

(LAYOUT)
レイアウト

01 こちらは業務用冷蔵庫。冷蔵庫には温度計設置がマスト
02 業務用のシンクと作業台。天井にも棚を設置して、大きな飯台やざるなどはここに収納
03 ホテルやレストランでもよく使われているマルゼンのガスレンジ

物件info
面積：約26m²
改修費&設備費：約200万円
（友人の建築家に相談しながら設計。棚や什器は自作）

\ POINT 01 /

いつでも取り出せる見やすい収納

スパイスがズラリと並んだ棚や、窓のサイズに合わせてつくられた食器棚など、何がどこにあるか一目瞭然の収納。また、ベンチの中も収納スペースになっており、かさばるバットなどは重ねてここに。道具類をしまうときは、取り出しやすいこと、探しやすいことがポイント。

\ POINT 02 /

高さに合わせて自作したラック

シンク横作業台の下には、作業台に合わせて制作したキャスター付きのラックがふたつ。上にはよく使うハサミやトングなどの小物類、下には瓶など背の高いものを収納。キャスター付きなので、奥のものでも取り出すのがラク。スペースや使い方に合わせて自作するのもひとつの方法。

大きなテーブルにみんなが集う wato kitchenさんのアトリエ

WATO KITCHEN'S ATELIER

2014年に開業したwato kitchenさんのアトリエ。ケータリングや出店の準備、雑誌の撮影などほとんどの仕事をここで行っています。もともとあった壁はすべて取っ払い、壁や床は自ら塗装。使い勝手のいいキッチン、居心地の良い空間にリノベーションしました。

使いやすさを重視したwatoさんのアトリエはシンクが広い。仕込む量が多いときには大きなテーブルを使うことも。飲食店営業許可を申請するために手洗い用のソープや、キッチンスペースの扉などを取り付けた。

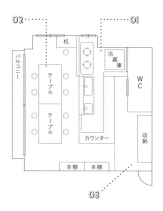

(LAYOUT)
レイアウト

この物件は、いつも出店しているマーケットを手がける手紙社さんに紹介してもらったそう。物件を探すときも、内装を手がけるときも、「人と人とのつながりに助けられている」とwatoさん。

物件info
面積：約40m²
改修費：約350万円
設備費：約100万円

52

\ POINT 01 /

モチベーションがあがる空間

日々気持ち良く過ごせるようにと、設計士さんと相談しながら設計したキッチンに好みのタイルを貼ったり、アンティークの窓を取り付けたwatoさん。動線や使い勝手の良さも重要ですが、"心地良い空間"をつくることもアトリエにおいて大切なこと。

\ POINT 02 /

大きなテーブルは作業台やパーティーにも

たくさんの仲間が集う「みんなの広場になるようなアトリエにしたい」と考えていたため、大きなテーブルはマストだったそう。ちょうどその頃、アトリエ開業記念に小学校で使われていた大机をプレゼントされたのだとか。撮影のときなど、机を自由に動かせるようキャスター付き。

\ POINT 03 /

収めやすく、取り出しやすい収納

ずんどう鍋や押し寿司の型、すり鉢、ビンのストックなどは入口付近の棚に収納。戸もなくオープンなつくりのため、取り出しやすく、使ったあとも収めやすいのが利点。並べ方を工夫し、ドライフラワーを添えて、雑貨屋さんのディスプレイのようにも。

PART 03
EVENT & MARKET

多くの人に活動を知ってもらうために有効なのが、
イベントやマーケットへの出店。
直接お客さんとコミュニケーションを図り、
こだわりや想いを伝えることができます。
また、出店者同士で情報交換もでき、
新しいつながりを広げる可能性もあります。

wato kitchen ……………………………… 56

山角や ……………………………………… 62

《 Event & Market Catalog 》

小池桃香 …………………………………… 68

西野 優／ピリカタント ………………… 69

betts & bara ……………………………… 70

北極 ………………………………………… 71

EVENT & MARKET
05
wato kitchen
ワト キッチン

日本各地の郷土料理、世界各国の家庭料理を中心としたメニューで、レシピ開発やケータリングを行うwato kitchenさん。マーケットでいつも大人気のスープは小さなアトリエでつくられています。

〔CONCEPT〕wato kitchenさんのコンセプト

ほっこりする郷土料理をもとに
マーケット出店からレシピ開発まで

「みんなが集まってご飯を食べる場所をつくりたい」。wato kitchenさんが今の仕事に就いたきっかけのひとつにはこうした思いがあったから、と言います。月に数回は大勢でご飯を食べる会も開催し、マーケットではwato kitchenさんのスープをたくさんの人が心待ちに。故郷を思い出させてくれるような優しい料理は食べる人の心や表情をゆるめてくれるのです。また、料理だけでなく、マーケット出店時の接客や出店ブースのディスプレイにも、その温かい人柄があらわれています。

〔ARCHIVE〕
今までのお仕事

書籍の執筆、レシピ作成や料理撮影

フードコーディネーターとして、書籍の執筆や雑誌・webサイト掲載用のレシピ作成＆撮影を手がける。現在は『OZmagazine Plus』『栄養と料理』「マルちゃんHP」などで連載を担当。

料理教室＆パーティーケータリング

アトリエでは郷土料理を教える料理教室のほか、テーブルマナーレッスンやイベントを主宰。パーティーケータリングも手がける。写真は野外ウエディングのときのもの。

イラストレーターとしての活動

イラストレーターとしての一面も持ち、イラストスクールの講師もつとめる。自身のレシピ本にカットを描いたり、パッケージに使用するイラストを依頼されることも。

〔How to make〕

ある日の
マーケットに出店するまで

wato kitchenさんが毎回スープを販売している「東京蚤の市」。
毎年5月と11月に開かれ、1日で来場者数が10,000人を超えるビッグイベントです。

〔DATA〕
マーケット用に準備する
メニューデータ

1　2種のスープを400名分、スコーンなどを200名分
2　仕込み日数は約3日
3　出店は2日間

出店依頼を受け、メニューと分量を決める

「東京蚤の市」をはじめ、「もみじ市」や「布博」などのマーケットに何度も出店しているwato kitchenさん。毎回出しているミネストローネに加え、5月の開催なので冷製スープも用意。スープの付け合わせにはスコーンとパンをそれぞれ100個ずつ製作することに。

2日間で400食分を準備

用意したスープは、ミネストローネとポタージュの2種。材料の発注や買い出しは1週間前からスタート。スープの肝となる野菜の仕入れ先は、八百屋、市場、ネットスーパーなどさまざま。スープの仕込みは2日間。パンとスコーンは前日に焼く。

〈 スープのパッキング法 〉

できたスープは温かいうちにパッキングして急冷する。パックは衛生面、コスト面、運搬面のすべてにおいて優れもの。1パックで約8人分入る。

\ パッキング完了 /

スープ
パッキング
アイテム

ナイロンポリ　　じょうご　　お玉　　シーラー

搬入と開店準備

当日は持ち物リストを確認しながら積込みを行い、マーケットがオープンする3時間前の朝7:00から搬入スタート。道具や材料を運び、テントを装飾し、スープを温め、お客さまを迎える。当日の気温によっては冷製用のスープを温めることも。

〔MENU〕
今日の料理

ジンジャー入りのミネストローネはwato kitchenさんの看板メニュー。春らしい冷製スープは、人参とじゃがいものポタージュ。どちらも具だくさんでまろやか。ほんの少し甘みのあるスコーンとアイリッシュブレッドもスープに合い、空腹を満たしてくれる。

春人参と新じゃがのポタージュ 麦と豆のカレーマリネのせ（600円）

トッピングのカレーマリネがアクセントの冷製スープ。

チキンと8種の野菜のジンジャーミネストローネ（600円）

野菜がたっぷりで体も温まる看板メニュー。

> スープの加熱はパックごと湯煎で。煮詰まらず、焦げないのでスープの味が変わらない。残ってもパックのまま持ち帰れる

> スコーンとブレッドはガラス容器にディスプレイ

チーズとオリーブオイルのスコーン（250円）

チーズが食欲をそそる香ばしいスコーン。

オートミール入りアイリッシュブレッド（250円）

もちっとした食感が楽しめるオートミール入り。

〔DATA〕

NAME　wato kitchen／watoさん

START　2002年9月～

WORK TO DO　☑ケータリング　☑レシピ開発　☑フードコーディネート

LICENSE　管理栄養士、フードコーディネーター（2級）

「おいしくなあれ」と一杯のスープに想いを込めて

——活動開始のきっかけは？

以前スープ専門店でアルバイトをしていた頃、フードコーディネーターのハギワラトシコさんの本を読んでケータリングへの興味がわきました。あるとき、通っていたイラスト学校の友人に誘われて個展をする機会があり、「せっかくの個展だから、オープニングは自分がケータリングでふるまってみよう」と思いついたんです。はじめてのケータリングだったので、知人の力も借りて実現しました。お客さんは100人以上来て、大盛況でした。みんなで絵を見て、公園でご飯を食べて、知らない人同士がいつの間にか仲良くなって。こんな仕事をずっとやっていきたい、と思いました。

——マーケットでスープを出店し続けている理由は？

野菜がたくさんとれて身体にもいいし、飲むとほっとするスープが好きだから、というのもありますが、スープ専門店につとめていたので大量につくるノウハウを持っていたことも理由です。また、オペレーション的にも仕込みの量的にも、スープはひとりでつくることができる。これがサンドイッチやお弁当となると工程が多く、当日のスタッフも仕込みにも人数が必要になります。そういった意味でもスープを続けています。それに、離乳食も介護食もスープですよね。やっぱり人は一生スープを食べるんだなと思うと奥深いんです。

——活動をはじめて大変だったことは？

まだ慣れていない頃、マーケットの出店準備は徹夜続きでした。ほぼ寝ないで当日を迎えたこともあります。どういう店構えにするかもイメージがぼんやりしていて、不安な気持ちから「とりあえずあれもこれも」と荷物が増えてしまって……。ただ、何回かやっているうちに店構えもアトリエでシミュレーションするようになりました。設計図を考えてから必要な物を細かくリスト化して荷造りするんです。パーティーのケータリングでも、今は設計図を書くようにしています。もちろんその通りにいかないこともありますが、事前にイメージをしておくことで不安がひとつ減ることに気が付いたんです。

——活動を続けるうえで、大切にしていることは？

野菜を切りながら、煮ながら、よそいながら「おいしくなあれ」と想いを込めています。私たちは何百杯もよそうけど、お客さんにとってはそれが今日の1杯。どんなに忙しくても、つくるものひとつひとつにおだやかに向き合う気持ちを忘れてはいけない、と言い聞かせています。

〔STYLE〕 watoさんのお仕事ルール、決まりごとを紹介

衛生管理と温度管理を徹底する

飲食業では衛生管理がいちばん大事。スープの冷却や沸騰は、温度計を使ってきちんと温度を見る。とくにポタージュは沸騰しても100度になりにくいので、注意が必要。

出店のペースは無理のないスケジュールに

イベント出店があると1週間はそれにかかりきりになってしまうため、料理の質を落とさないためにも、イベントは月に1回程度にするなど、無理のない範囲で仕事を調整している。

〔MUST TOOL〕 道を切り開いてくれた本、祖母や母から受け継いだ大切な道具たち

ハギワラトシコ『食の演出家 フードコーディネーターになりたい』(1996年、同文書院)

「フードの仕事でもこんなにクリエイティブな仕事があるんだ! と思いながら読んでいました」。今の仕事に就く前は、常に持ち歩いていた本。

祖母から譲り受けた押し型

ヒノキでできた、押し寿司をつくるための型。「数年前、祖母の嫁入り道具を譲り受けたもの。押し寿司のつくり方はそのとき祖母に伝授してもらいました」。

母が愛用していた保温鍋

「これは母が使っていた保温鍋。スープを温かいままテーブルで提供できます」。温かみのあるレトロなデザインがお気に入り。

〔SCHEDULE〕 1週間のスケジュール

〈月〉MON	発注リストの作成
〈火〉TUE	発注、買い出し
〈水〉WED	スープの仕込み、パッキング
〈木〉THU	スープの仕込み、パッキング
〈金〉FRI	パンとスコーンの製作、荷造り
〈土〉SAT	イベント会場への搬入、ディスプレイ
〈日〉SUN	イベント会場への搬入、ディスプレイ

PROFILE プロフィール

wato／東京都を拠点に、イベント出店やパーティーのケータリングのほか、レシピの開発やイラストも手掛ける。著書に『春夏秋冬ごはん帖』(ヴィレッジブックス)、『リトルギフト』(サンクチュアリ出版)など。

How to Order? オーダー方法

パーティーのケータリングは30〜120人分。
値段は応相談。

◆ webサイト　http://blog.watokitchen.com
◆ 問合せ　　 watokitchen832@yahoo.co.jp

EVENT & MARKET
06
山角や
さんかくや

各地のイベントやワークショップで、おむすびをふるまう山角やさん。食材の生まれる背景や食べる人に向き合い、新しいおむすびの味とコミュニケーションを提供しています。

〔CONCEPT〕 山角やさんのコンセプト

日本各地の食材をアレンジし、人と人、地域と地域を"むすぶ"

日本のソウルフードともいえる「おむすび」。誰もが子どもの頃から親しんできたものだけに、おいしいおむすびに出会ったときは、故郷を思い出したり、ほっと気持ちがほぐれるものです。山角やさんは、そんな「おむすび」を移動式オーダーメイドスタイルで届けます。材料はもちろん、使う道具や届ける人に向き合いながら、丁寧につくられる「おむすび」。そこには人と人、地域と地域を"むすぶ"ケータリングのスタイルがあります。その一貫したこだわりと、どんな場所や人にも応えていく柔軟な姿勢が山角やさんの魅力です。

〔ARCHIVE〕
今までのお仕事

出張出店

全国各地のイベントで、炊きたて・むすびたてのおむすびを提供。原宿のスペース「VACANT」では毎月、定期的に出店している。イベントの際は、飲食店営業許可を持っている場所に出店。

生産者とのコラボレーション

海苔やお米を、販売店や生産者と一緒に考案。墨田区の米屋・隅田屋商店の山角やオリジナルブレンド米、100年以上続く海苔店とのコラボレーションも。

新しいおむすびづくり

一期一会のケータリングだからこそ、お客さんに合わせたメニューを考案。左上から「沖縄風 豚肉のそぼろ味噌」「トムヤム豚パクチー」「しらすと青のり」「鮭の皮パリ」。

〔How to make〕

ある日の
ワークショップができるまで

山角やさん主催のワークショップ。参加する人たちに事前に聞いた「思い出の味」についてのアンケートをもとに、この日のメニューを考えました。

〔DATA〕
ワークショップの目的と準備

1. 参加者が自分のふるさとを思い出せる「おむすび」づくり
2. ディスカッションもできるよう、参加者は10〜20人に設定
3. 参加費はひとり3,000円

ワークショップの内容を決め、会場を探す

まずはテーマやコンセプトを決め、それに合った会場選び。今回のワークショップは、ご飯を炊くところからスタートするため、キッチン付きというのが大きなポイント。募集人数も考慮し、みんなでひとつの机を囲むのにちょうど良いスペースを選んだ。

参加者を募り、会場と食材などの準備

参加者をwebサイトで募集し、メニューを決める。1週間前から食材を調達したり具材の仕込みを開始。当日、スタッフは2時間以上前に会場入りして準備をスタート。浸水に時間がかかるため、道具を搬入したら真っ先にお米を洗う。

おむすびはお米が重要。おむすびに適したお米選び、炊き方を追求

〈 ワークショップの必需品 〉

おひつ
木曽のさわら材を使ったおひつ。ご飯の余分な水分を吸ってくれる。

鉄鍋
合羽橋で購入した鉄鍋。これを使うと、粒の立ったご飯が炊ける。

カセットコンロ
常に数種類を携帯しているカセットコンロ。こちらはフランス製。

64

参加者への説明とワークショップの進行

ワークショップは炊飯から。おいしいご飯を炊くためのひと手間やお米の豆知識を話しながら、ご飯が炊けるのを待つ。炊き上がったら2人一組になり、いよいよおむすびづくり。おむすびを食べたあとは、お茶を飲みながら参加者とディスカッションし、3時間のワークショップが終了。

〔MENU〕 今日の料理

ワークショップで使った具材は、参加者に事前に聞いた「思い出の味」をもとに用意。鮭や梅、昆布といった定番の味のほか、ふきみそやカブの葉の佃煮など地域や家庭の味が並ぶ。具材も薬味もすべて同じ大きさのホーローの器に詰め、参加者が好きなものを選べるように。

〈 15種類ほどの具材と薬味、のりと塩も3種類ずつ用意 〉

参加者に、当日の感想をアンケートに記入してもらう

鮭のおむすび
オリジナルのポン酢に漬けた鮭に、パリッと焼いた鮭の皮でくるむ。

玄米のおむすび
梅と昆布の玄米おむすび。さらに海苔を巻くと玄米の香ばしさが際立つ。

うずらのおむすび
ダシ醤油に漬けたうずらの卵に、香りの良い大葉が合う。

明太子とシラスのおむすび
明太子とシラスを詰め、くるっと高菜で巻いた丸いおむすび。

〔DATA〕

NAME 山角や／水口拓也さん 山形祐也さん

START 2012年秋〜

WORK TO DO ☑ケータリング ☑ワークショップ ☑メニュー・商品開発

LICENSE 食品衛生責任者、普通自動車免許

おむすびを起点につながりを生んでいく

——活動開始のきっかけは？

水口：僕の実家は石川県加賀市で、米の兼業農家なんです。その影響なのか、子どもの頃からずっとお米が大好きで、自分のためによくおむすびを結んでいたんです。あるとき職場の同僚に「お前のおむすび旨そうだな」といわれて、「どうぞ」とみんなにも結ぶようになって。そして2012年の秋、イベントで出会った山形に「一緒におむすび屋を出してみないか」と声をかけてもらいました。それが東日本大震災のあとで、今の仕事を見直していた時期でもあり、被災地で炊き出しのボランティアをしたときの大釜もあって、道具もひと通りそろっていたんです。でも「よし、やろう！」といってはじめたわけではなく、最初は自分たちの仕事現場におむすびを差し入れたりしていました。そこから徐々に広まって、現在の活動につながっています。

——活動を続けるために工夫していることは？

水口：今は僕と山形を含め、4人のメンバーで活動していますが、普段はみんな、映像やグラフィック、アウトドア、音楽関係など別々の仕事をしています。「山角や」は、会社といった組織にはあえてせず、ゆるいつながりで続けていきたいと思っています。それぞれがやりたいことを、みんなで相談しながら、サポートして実現している。だから続いているのかもしれません。ケータリングを依頼された際には、あらかじめ用意したメニューから選んでもらうのではなく、クライアントの話を聞いて「秋田がテーマなんです」とか「来場者に海外の人がいて」といった話が出ると、それに合わせたメニューや提供の仕方を考えます。お客さんのニーズに沿ったオーダーメイドのケータリングです。場合によっては、おむすびとセットで豚汁を付けたり、酢飯にしてみたり、天ぷらやおばんざいをつくったりといったアレンジもしています。おむすびはお箸も使わず、屋外でも気軽に食べられるので、イベントなどでも喜ばれます。

——今後挑戦してみたいことは？

食は、世代や地域、家庭によって全く違うものですよね。だからこそ面白いなと思います。とくにどの層に対して、というよりは幅広い方々に向けておむすびを提供できたら、と思っています。今後は湧き水を汲んだり、魚を獲ったり、お米を育てたり、といったところから少しずつ食を考えていきたいですね。普段の仕事でもある映像やグラフィックを活かして、食づくり、ものづくりのベースのようなものをつくりたい。理想は人とコト、人とモノを結ぶハブのようなイメージです。

〔STYLE〕 山角やさんのお仕事ルール、決まりごとを紹介

目の前で、できたてを提供し、コミュニケーションを生む

提供されるまで何が出てくるかわからない、ではなく誰が・どんな食材で・何をどのようにつくっているかをオープンにし、そこから生まれるコミュニケーションや広がりを大事にする。

メンバーそれぞれの得意なことを分担する

「山角や」としてのスタイルは固定していない。水口さんはおむすびづくり、山形さんは炊飯など、メンバーの得意分野を活かし、それぞれが自発的にやりたいことを実現するために一緒に活動している。

〔IDEA〕 アイデアソース 活動の基本になっている本や音楽

北大路魯山人
『魯山人の料理王国』（文化出版局）

「食材の扱いと気配り、食器、提供の仕方に至るまで、料理のありとあらゆることにこだわりぬく心得に出会いました」。

柳宗悦『茶と美』（講談社）

「茶の湯の世界を通して、美を研究し、本当の意味での、ものの見方を認識させてくれた本です」。

音楽

「出店時はライブ演奏を聴きながら無心でおむすびをつくるのが心地良いんです」。音楽からメニューが思いつくことも。

〔SCHEDULE〕 ワークショップ準備のスケジュール

〈1ヵ月前〉　クライアント打ち合わせ、コンセプトを考える

〈2週間前〉　スタッフ手配、会場決定

〈1週間前〉　メニュー決定、食材発注

〈2〜3日前〉　買い出し、資料づくり

〈前日〉　具材の仕込み

〈当日〉　会場への搬入、設置、搬出

PROFILE プロフィール

山角や／出張専門のおむすび屋。日本各地の食材をアレンジし「おむすび」の新しい魅力を提案。東京を拠点に各地のイベントへの出店やケータリングのほか、ワークショップの企画、商品開発、撮影プロデュースなど幅広く手掛ける。

How to Order ? オーダー方法

ケータリングのオーダーは1件10万円から相談可。
個人での申し込みもOK。

◆ webサイト　http://sankakuomusubi.jp
◆ 問合せ　sankakuya12@gmail.com

《 Event & Market Catalog 》

小池桃香
こいけももか

[動物性食材を使わない
ヴィーガンおやつ]

弱冠16歳にして、マクロビオティックの考えを取り入れながらヴィーガンおやつ、自家製酵母パン、発酵菓子を手がける小池桃香さん。じっくりと時間をかけてつくられるおやつは、イベント出店のみで販売しています。

[これまでの仕事]

1 季節のグルテンフリーの米粉ミニマフィン
タマネギ×ヴィーガンチーズ、紫芋、味噌×クミンきんぴらなど、旬の食材を使用

2 みりんぼーやくん。クッキー
砂糖のかわりに、煮詰めたみりんを使用した、見た目もキュートなクッキー

1

Wrapping

3 Tofuともちきびのお野菜キッシュ
卵のかわりに炊きあげたモチキビと豆腐、米粉を合わせたアパレイユを使用

4 薬膳Vegan糀シュトーレン
ノンシュガー、ノンオイル。自家製酵母で発酵。地元の無農薬小麦100%使用

3 4

Q. 料理のこだわりは？
ヴィーガンになったことをきっかけに、体への負担も少なく、安心しておいしく食べられるものをつくりたいと思っています。卵や乳製品などの動物性食材を使わず、砂糖も極力使いません。自家製玄米甘酒や米飴など、穀物や果物の甘みを使い、パンに入れるフィリングやおやつのおかずもすべて手づくりです。また、季節ごとに新しいお菓子やパンを創作し、そのときいちばんおいしいと感じるものをつくるようにしています。

Q. 仕入れ先はどのように決められていますか？
地元の八百屋さんで無農薬や自然農法の野菜や果物、無添加調味料を仕入れたり、直接地元の農家さんに小麦粉や野菜を注文しています。

START	2016年4月〜
WORK TO DO	地元(新潟県)のイベント出店
LICENSE	臨時食品営業許可（イベント出店時のみ）

How to Order ?
イベント出店のみの販売。オーダー不可。出店情報はInstagram、Facebookにて。

◆ Instagram @＿＿＿veganic.monmon
◆ Facebook
https://www.facebook.com/momoka.koike.50

《 Event & Market Catalog 》

西野 優／ピリカタント
にしのゆう

［ 古今東西を織り交ぜた食卓 ］

東京・下北沢で食事も提供する旅と暮らしの本屋「ピリカタント書店」としてスタートし、2014年より店舗を持たず活動。イベントの企画・開催やレシピ開発、出張料理などを手がけます。

［ これまでの仕事 ］

1

1 出張料理
故郷である北海道帯広市のホテル「HOTEL NUPKA」で提供したひと皿。生産者さんの畑を訪ねて採集した野菜

3

3 イベントでの料理
お菓子屋「可笑しなお菓子屋kinaco」、ハーブティ屋「ことり薬草」とのフードユニット「妄想都市食堂」でのイベントを企画

4

2 節分の食卓
旧暦を参考に、日本の細やかな季節の移ろいを生活で楽しんでみようという試み。七色の山菜丼ぶりと小豆を炊いたぼた餅

4 ケータリング
書店「SNOW SHOVELING」で開催されたイベントにケータリング。夏野菜とスパイスでカラフルなパレットをイメージ

Q. 料理のこだわりは？
季節の食材にハーブやスパイスを加え、色・音・匂いなど、五感に響く料理を心がけています。食材がどこからやって来たのか、旬のものであるのかなども、もちろん大切にしていますが、自分自身も料理を楽しみ、食卓を囲んでくださる方に喜んでいただける。願わくば、生産者の方も喜んでくださる。そんな食卓をイメージして料理しています。

Q. 仕入れ先はどのように決められていますか？
共感したり、応援しているつくり手さんや媒介者さん（八百屋さんなど）から購入することもありますし、市場で購入することもあります。好きな人から手渡された食材を使うときは、料理をするのもとびきり嬉しい時間です。

START	2012年11月～
WORK TO DO	食にまつわる会の企画と開催、出張料理、出張料理教室講師、レシピ開発、レシピ提供、WEB連載など
LICENSE	食品衛生責任者、普通自動車免許

How to Order？
予算や企画内容に合わせて依頼可。問合せはメール、SNSにて。

◆ Instagram　@pirkatanto
◆ Facebook
https://www.facebook.com/pirkatanto

《 Event & Market Catalog 》

betts & bara
ベッツ&バラ

おいしくてかわいい
小さなお菓子工房

神奈川県・葉山の工房でつくられるカラフルでかわいいお菓子たち。
月に1度の工房販売日とイベント出店、そしてSHOPPING PLAZA HAYAMA STATIONにて販売されています。

これまでの仕事

1 デザートマフィン
フルーツやナッツ、チョコレートを使ったマフィンは看板商品のひとつ(1個400円)

2 スコーン
しっとりとしてコクがあり、まるでスイーツのようなスコーン(3個入り550円)

3 気まぐれ焼き菓子セット
オススメの焼き菓子を詰め合わせたセット。はじめて購入する方やギフト用に(3,000円)

1

4 シフォンケーキサンド
自家製カスタードと生クリームを詰め、フルーツを載せて(350円)

4

Q. 料理のこだわりは？
「自分の子どもに安心して食べさせられるおやつを……」という想いからスタートしました。安心・安全な食材にこだわり、自分たちで実際に食べて納得のいく食材を選び、信頼できる業者やお店から購入しています。保存料は一切使用していません。また、おいしくてかわいいことも大切にしていて、見ているだけでニコリとしてしまうカラフルでかわいいお菓子をつくっています。

Q. 活動を続けるために工夫されていることは？
ふたりで活動しているのですが、お互いに家族がいるので無理はしないこと。そして、自分たちが楽しくいられることを心がけています。

START	2016年5月〜
WORK TO DO	菓子製造、販売
LICENSE	食品衛生責任者、菓子製造業営業許可

How to Order？
オンラインショップ、イベント出店、月1回の工房販売日、SHOPPING PLAZA HAYAMA STATIONにて常設販売。

◆webサイト
http://store.shopping.yahoo.co.jp/bettsandbara

《 Event & Market Catalog 》

北極
ほっきょく

[食材の色をいかした
キュートなクッキー]

沖縄を中心にマーケットや展示会で販売される愛らしいクッキー。優しい色合いは野菜を中心とした食材そのものだそう。季節やイベントごとに、見ても食べても楽しいお菓子を製作しています。

[これまでの
仕事]

1 星形クッキー
クリスマスシーズンに製作したもの。絵本屋さんで開催されたイベントにて販売

2 イベント用クッキー
雑貨屋さんで毎年開催されるイベントにて。ドクロをテーマにした展示に合わせて製作

3　　　　　　4

3 お弁当クッキー
食育がテーマのイベント出店にて。おむすびや卵焼きをかたどったクッキー

4 夏のクッキー
コーヒー豆を使用した「アイスコーヒークッキー」と「生ビールクッキー」

Q. 料理のこだわりは？

クッキーの彩りにこだわっています。野菜を中心とした食材を生地に混ぜ、食材そのものの自然色とおいしさを引き出すために低温焼きにしています。また、季節やイベントに合わせてテーマを変えて、五感で楽しんでいただけるようなお菓子を製作しています。

Q. 活動のきっかけは？

友人が営むお店の周年記念に、お客さまへのプレゼント用として、似顔絵クッキーの注文をいただいたことをきっかけに、クッキー型を使わない、アイスボックスクッキーの製作方法に出合いました。現在はイベント出店と卸売を中心に活動していますが、今後は店舗販売も考えています。

START　2014年7月〜

WORK TO DO　イベント出店、卸売、結婚式プチギフト、出産祝い

LICENSE　食品衛生責任者、食品営業許可（菓子製造業）、普通自動車免許

How to Order ?

要望に合わせて内容、予算、数量を決定。
◆ Instagram　@ikukosenaga

COLUMN
出店ブースの ディスプレイ

月に一度はイベントへの出店があるという経験の豊富さから、至るところに工夫を施したwato kitchenさん(P56)の出店ブース。おしゃれなだけでなく、お客さまへの細かい気配りがちりばめられています。

メニューと見本
メニューと値段は、注文のときに目に入りやすい場所に。海外のお客さまも多いので英語で。

看板
看板はお店の顔。黒板に手描きでお店の名前「SOUP SHOP by wato kitchen」と記入。メニューもイラスト入りでかわいらしく。

物販コーナー
混雑時など列に並ぶ間に退屈しないよう、物販コーナーを設置。watoさんの著書やポストカードやなどを販売。

フラッグ
「wato kitchen」と大きく印刷されたフラッグは、一番高い場所に掲げて。カラフルなフラッグガーランドも、お店を彩る重要なアイテム。

テント
日差しや雨から食材を守るために、出店時に欠かせないテント。イベントやマーケットによっては主催者が用意してくれることも。

日よけの布
強い日差しを避けるための必需品。テントでカバーできない部分は大きな布で日陰をつくり、作業スペースを広くする。

テーブルを布でカバー
スタッフの足下や荷物を隠すための布。赤と白の鮮やかなボーダーが、テントの緑色に対比して一層お店を引き立てる。

ゴミ箱
テントの脇にさりげなく置いた4つのゴミ箱。分類ごとにイラストが入っているのでゴミ箱も楽しい演出のひとつに。

＼ POINT 01 ／

見やすいメニューと見本

イラストレーターとしても活躍するwatoさん。かわいらしいイラストを添えて、メニューは当日その場で描いていきます。海外のお客さま向けに、日本語だけでなく英語も記載。スープの見本は1種類ずつ用意し、スプーンも添えてディスプレイの一部に。

＼ POINT 02 ／

ストックは日の当たらないところへ

スープのストックは、氷がたっぷり入った発泡スチロールに入れ、日の当たらない涼しい場所に。食中毒などを起こさないために、保管場所も重要なポイント。「mine」「pota」などスープの種類だけでなく、いつ仕込んだかまでわかるよう、マークで分類しておく。

＼ POINT 03 ／

手洗い用の水も！

屋外での販売のため、衛生的にもこまめな手洗いは必須。出店する場所によっては、水道が遠い場合もあるので手洗い用の水は多めに持参。また、1日中屋外にいるためスタッフの水分補給も欠かせません。スタッフ用の飲み水は、手洗い用とは別に用意。

\ POINT 04 /
テーブルの裏に必要なものを

お客さまの状況に合わせ、舞台裏では次のスープがスタンバイ。テーブルの下にはスープのトッピングやスコーン、カップやカトラリーのストックを置いています。レジ代わりの小さな引き出しはいちばん端に。スタッフの配置やお客さまの動線に合わせるのがポイント。

ムダな動きをしないよう、物の配置も決めておく

資材は取り出しやすいようにカゴに

おつりも取り出しやすいように収納!

\ POINT 05 /
ゴミ箱にもひと工夫

燃えるゴミ、プラスチックゴミ、紙ゴミ、生ゴミ、と4つに分類したゴミ箱。食べ終えたスープのカップは無造作に捨てると、すぐにゴミ箱がいっぱいに。対策として、あらかじめカップをきれいに重ねて入れておくと、それにならって重ねて捨ててもらえるそう。

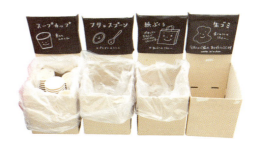

75

PART 04
FOOD TRUCK

固定店舗を持たず、オフィス街やイベントなど
場所を変えて販売する移動販売。
その魅力は、日々異なる場所で新しいお客さまに出会い、
できたての料理を提供できること。
遠方のイベントにも車ひとつで向かえる
フットワークの軽さも特徴です。

TIKI COFFEE ……… 78
東京オムレツ ……… 84

《 Food Truck Catalog 》
自家製天然酵母パン DESTURE ……… 90
monad ……… 91
Yaad Food ……… 92
lunch stand tipi ……… 93

FOOD TRUCK 07
TIKI COFFEE
ティキコーヒー

愛車のワーゲンバスでこだわりのコーヒーを提供し続け、10年を迎えるTIKI COFFEE。車への深い愛情からスタートし、固定店舗を持たずに移動販売を続けています。

[CONCEPT] TIKI COFFEEさんのコンセプト

自家焙煎のコーヒー豆で1杯ずつ、挽きたて&淹れたてのコーヒーを提供

オフィス街や週末のマーケットで、ふんわり漂うコーヒーの良い香り。かわいらしいワーゲンバスの車内では、自家焙煎のコーヒー豆がその場で挽かれ、1杯ずつドリップされています。そのおいしさに惹かれてTIKI COFFEEさんのコーヒーを飲むことが"生活のルーティン"になっているお客さんも多く、マーケットでは準備中の出店者も"朝の1杯"を求めてやって来ます。カフェに入るよりも気軽に、そして手頃な価格でスペシャルティコーヒーを味わえるため、偶然の出会いから気がつけば常連になるお客さんも珍しくないそう。

[MENU]
手がけるメニュー

こだわりの自家焙煎

コーヒー豆は、生の豆を仕入れて自宅にある工房で自家焙煎。焙煎後3～5日寝かせたエイジング豆を使用するため、週末のマーケット出店にあわせて平日3日かけて焙煎作業を行う。

コーヒー専門店らしいメニュー

注文を受けてから豆を挽き、ドリップするのがTIKI COFFEEのこだわり。アイスコーヒーも水出しで事前に仕込むのではなく、コーヒー豆をホットの倍量使用して氷にドリップ。

1

2

3

4

1 コーヒー（350円）
看板メニューの挽きたて&淹れたてのホットコーヒー。

2 アイスコーヒー（400円）
コーヒーの香りとコクが堪能できるアイスコーヒー。

3 カフェ・ラテ（400円）
蓋を開けるとラテアートが顔を出す。

4 コーヒー豆
（100g/600円、200g/1,100円）
自家焙煎のコーヒー豆も販売。

ある日の

〔How to make〕
営業の様子

毎週土日は、青山（東京）で開催されているFarmer's Marketに出店。
営業当日の様子を追いかけました。

〔DATA〕
営業データ

［出店場所］Farmer's Market（東京都）
［出店日の天候］曇り
［準備するコーヒーの量］250〜300杯ほど

決められた場所に搬入、開店準備

途中で仕入れをすませてから現場到着。移動販売に車のトラブルはつきものなので、何かあっても対応できるよう車載工具と時間に余裕を持つことは重要。到着後はすぐさま開店準備。エスプレッソマシンの立ち上げに時間がかかるため、まずは発電機を繋いで立ち上げる。

10:00の開店から17:00の閉店まで車内作業

この日の営業時間は10:00〜17:00。注文を受けてからコーヒーを提供するまではわずか2分ほど。フェスなど大型のイベントでは朝から夜まで行列が途絶えず、いかに早く提供するかを求められた経験から、こうしたスムーズなサービスが行えるようになったそう。

〈 オリジナリティを出すアイテム 〉

スリーブにはロゴのスタンプ、好きで集めていた雑貨に砂糖やシロップを。さり気なくお店を印象的にするアイテム

80

〔KITCHEN CAR〕
TIKI COFFEEさんのキッチンカー

何をどう売るかよりも、「とにかくワーゲンバスで何かやりたい」と先に車を契約したオーナーの山口さん。内装の改修は10年前、「コの字につくってほしい」とだけオーダーして整備士にカウンターだけつくってもらったそう。完成したカウンターに合うサイズの機材を探し、必要ない部分は自分で木を削り、徐々に現在のかたちに。塗装はカスタムカーの塗装を手がけるピンストライパーに依頼。

1 シンクは2つが鉄則

自動車で飲食店営業許可を取得するには、給水・排水タンク、換気設備、電源装置などの設備に基準がある。一般の飲食店営業許可と同様、洗浄設備と手洗設備を分けたシンクも必要。また、最大積載量があるため、設備や機材によって仕入れた材料を載せられる量も変わってくる。

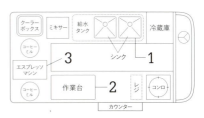

CAR DATA

車種 フォルクスワーゲン TYPEⅡ（レイトバス）

〈費用〉 車体 190万円／**内装と外装** 100万円
機材 147万円（ジェネレーター12万円／エスプレッソマシン100万円／エスプレッソグラインダー25万円／コーヒーミル5万円／中古冷蔵庫5万円）

2 目の前でドリップする設備

カウンターの作業台には、ガス管で自作したフェニックス70ドリッパーのドリップステーションを配置。同時に4杯のドリップが行える。カウンターの高さはエスプレッソを淹れるときにダンピングしやすい80cm。お客さんも目の前でドリップの様子を見ることができる。

3 100Vにこだわったエスプレッソマシン

移動販売でコーヒーを販売する場合、ネックになるのはエスプレッソマシンの電圧。エスプレッソマシンの多くは200Vのものだが、会場によっては発電機が使えないことも。スレイヤー社のスプレッソマシンは、コンセントからの電源供給でも対応できる100Vのもの。

〔DATA〕

NAME　TIKI COFFEE／山口英昭さん

START　2007年2月〜（自家焙煎は2011年10月〜）

WORK TO DO　☑コーヒー、コーヒー豆の販売　☑自家焙煎

LICENSE　食品衛生責任者、自動車関係営業許可、普通自動車免許

何をどう売るかよりも、車が好きではじめた仕事

——活動開始のきっかけは？

会社を退社して「次に何をやろうか？」と探していたんですけど、たまたま好きな車のイベントでキッチンカーを見かけたんです。その後、車屋さんに行ったときに今乗っている車を見つけて「この車で何かやりたいな」と思ったことがきっかけです。車はすぐに契約したんですが、納車に半年くらいかかるので、その間に保健所で許可のことを聞いたり、起業家養成プログラムに通ったりして、お金の流れなどを学びました。コーヒー販売に決めたのは、飲食の経験がまったくなかったので、食中毒のリスクを回避したかったのが大きな理由です。コーヒー販売をやろうと決めてから、セミナーなどに通いはじめたんですけど、知れば知るほど奥が深い世界なので夢中になっていきました。

——活動をはじめて大変だったことはどんなことですか？

出店場所については相当苦労しました。開業したての頃は、100軒以上営業をしましたがまったく相手にされず、出店場所がなくてほとんど商売ができませんでした。ただ、ワーゲンバスに乗っている人同士は、道路ですれ違っただけで挨拶するんですよ。特殊な車なので仲間意識があるというか。そういうこともあって、ワーゲンバスで移動販売をしている人同士で仲良くなり、情報交換をしたり、場所を紹介してもらって出店できるようになりました。

——10年続けられるなかで、活動にはどういった変化がありましたか？

開業してしばらくは借金を抱えていましたし、車のメンテナンスに年間100万円くらいはかかるので、出店場所を選ぶ余裕はありませんでした。利益を考えると、フェスや大型のイベントに出店すれば、1日600〜1,000杯とすごく売れるんです。でも、例えば寒い日のイベントだと、お客さんはおいしいコーヒーが飲みたいのではなく、温かい飲み物がほしいから行列になる。自分が届けたいことと、お客さんのニーズがマッチしていない場所で出店するよりも、一度飲んでくれたお客さんに常連さんになってもらうことが大切だと思うようになりました。ここでコーヒーを買うことが、その人の日常になってくれたらいいなと。そう考えると、毎日同じ場所に出店したほうがいいんですよね。将来的にお店を持つことを目標にして、そのステップとして移動販売をはじめる方も多いと思うんですが、僕の場合は車が第一なので、店舗にはしたくないんです。だからこうやって10年も続けられているのかもしれません。

〔STYLE〕 TIKI COFFEEさんのお仕事ルール、決まりごとを紹介

自家焙煎を行うことで品質を落とさず原価を下げる

利益を上げるためには原価を下げるしかないが、生の豆を仕入れて焙煎すれば原価は1kgあたり1,000円も安くなる。「手はかかりますが、味のコントロールができるのでお客さんにも自信を持って提供できます」。

ロスを出さないため営業場所のルーティンを決める

うまく仕事が入っていないと、せっかく焙煎した豆も廃棄になってしまう。ロスを出さないためには、毎日の営業ルーティンを決めること。同じ場所で営業することはお店のファンをつくることにも繋がる。

〔MUST TOOL〕 働き方のヒントになったアイデアソースや仕事に欠かせないアイテムたち

『スパルタンX』と『バック・トゥ・ザ・フューチャー』

移動販売を初めて目にした『スパルタンX』と、ワーゲンバスを好きになったきっかけの『バック・トゥ・ザ・フューチャー』。

なんでもメモ

今まで使っていたコーヒーの味や特徴、看板のデザイン、車が不調だったときのことなど、あらゆることが書かれてあるメモ。

水平器と工具

仕事の必需品。エスプレッソマシンを水平な場所に置かなければならないため、いつも計測して水平を調節しているのだとか。

〔SCHEDULE〕 1週間のスケジュール

〈月〉MON	東京国際フォーラムに出店（雨天休業）
〈火〉TUE	作業場にて焙煎
〈水〉WED	東京国際フォーラムに出店（雨天休業）
〈木〉THU	作業場にて焙煎（土曜出店用）、仕入れ、車両整備、機材整備など
〈金〉FRI	作業場にて焙煎（週末販売用）、包材の発注など
〈土〉SAT	Farmer's Market 出店
〈日〉SUN	Farmer's Market 出店

PROFILE プロフィール

TIKI COFFEE／おいしいコーヒーを味わってもらえるよう、自家焙煎の豆を使って淹れたてのドリップコーヒーを提供。営業する日にドリップする豆と、販売する豆とで焙煎日を分ける（賞味期限を長くするため）など、丁寧な仕事が光る。

How to Order? オーダー方法

出店スケジュールはwebサイトにて。

◆ webサイト　http://tiki-coffee.blogspot.jp/

PART 04　FOOD TRUCK　TIKI COFFEE

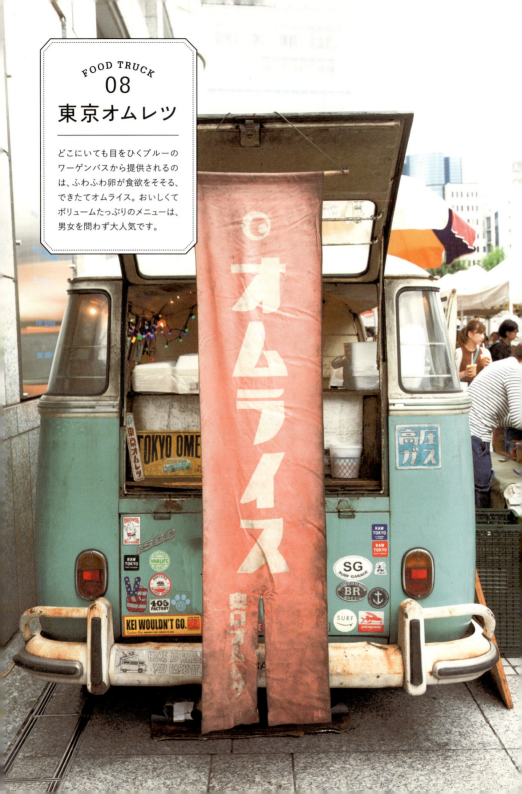

FOOD TRUCK
08
東京オムレツ

どこにいても目をひくブルーのワーゲンバスから提供されるのは、ふわふわ卵が食欲をそそる、できたてオムライス。おいしくてボリュームたっぷりのメニューは、男女を問わず大人気です。

〔CONCEPT〕東京オムレツさんのコンセプト

自分が食べたい、おいしいと思うものにこだわって提供する

オムレツひと筋で勝負する東京オムレツの佐渡友善裕さんは、実は二代目のオーナー。先代からキッチンカーと出店場所を引き継ぎ、営業を行っています。できたてのオムライスにこだわった先代の販売スタイルを受け継ぎながらも、自分流にレシピや販路を開拓。そんな佐渡友さんのこだわりは、提供するオムレツが「自分が食べたい、おいしいもの」であること。ボリュームたっぷりのオムレツは、今日もお客さんの胃袋を掴んで離しません。

〔MENU〕
手がけるフード

ふわふわのオムレツを目の前で仕上げる

いちばんの特徴は、目の前で焼きあげられるふわふわオムレツ。ケチャップライスを盛り付け、オムレツが完成するまでわずか2分。ごはんに卵を巻くのではなく、載せるスタイルにすることで時間も短縮。

男性でもお腹いっぱいになるボリュームメニュー

野菜いっぱいのサラダやチキンが載った「デラックスオムライスセット」はボリュームたっぷり。「僕がたくさん食べるので、男性にも満足してもらえるように」と考えられたメニューだそう。

オムライスケチャップ（600円）

パラパラのケチャップライスにふわふわオムレツを載せて。

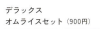

デラックス
オムライスセット（900円）

2種類のソースが選べ、サラダとサイドディッシュ付きのセット。

ある日の

〔How to make〕
営業の様子

この日は、毎週土日に開催されている「Farmer's Market」に出店。
搬入から搬出までを追いました。

〔DATA〕
営業データ

［出店場所］Farmer's Market（東京都）
［出店日の天候］曇り
［準備するオムライスの量］100〜150食ほど（平日は70食ほど）

発電機は
持ち込み

エンジントラブルを乗り越えて会場入り

出発時にエンジンがかからなくなり、JAFを呼んでなんとか会場入り。移動販売に車のトラブルはつきものだそう。イベントに穴を開けることがいちばんの信用問題になるため、ときにはレッカー搬送で搬入する人もいるのだとか。到着後はまず発電機を動かし、出店準備。

ライスやサラダは前日に仕込んでおく

ケチャップライスやサラダなど、仕込みに時間がかかるものは前日に用意しておく。そして当日の朝も、仕込み場で卵を割ってから現場に向かう。ケチャップライスは時間が経ってもお米の粒が立ったパラパラの状態をキープするため、野菜などの具材は入れない。

火を通すものは現場で仕上げる

現場で火を入れるのは、オムライスの卵と「デラックスオムライスセット」に添えるお肉のみ。開店前にお肉に火を入れておき、卵はオーダーを受けてから焼きあげる。現場で調理をしているときの音や匂いは、お客さまを招き入れる宣伝効果も。

〔KITCHEN CAR〕
東京オムレツさんのキッチンカー

先代が営んでいた「東京オムレツ」を引き継いだため、車を一から手配したわけでなく、設備や営業場所なども含めて買い取ったそう。そのため、車内のレイアウトは先代が使用していたまま。対面販売ができるように、ワイン箱などの古材を持ち込んでカウンターを増設。ケチャップやしゃもじの位置が変わるだけで、時間のロスにつながるほど、このレイアウトでの動き方が体に染み付いているのだとか。

1　4つのコンロがフル稼働

オーダーを受けてから卵を焼き、提供するまでの時間は約2分。素早く提供するために、営業中は4台のコンロを休みなく使って卵を焼き続ける。火が使えない場所に出店するときは、IHを使って調理。

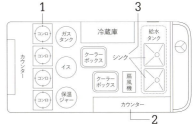

CAR DATA

車種：フォルクスワーゲン TYPE II
費用：車体と設備を含めて150万円
（営業場所も先代から引き継ぎ）

2　小物やステッカーで個性的なキッチンカーに

クラシックなワーゲンバスの雰囲気にピッタリの看板や、ワーゲンバスのかたちをしたスピーカーなど、ちょっとした車内のディスプレイにも個性が光る。ちなみに、スピーカーから流れるのはFMラジオ。時計代わりにもなるのだそう。

3　デッドスペースをつくらない工夫

営業中はコンロの前に座りっぱなしなので、背後から扇風機の風が当たるようにレイアウト。できるだけ作業空間を確保するため、出し入れを頻繁に行うサラダ類は手前のクーラーボックス、奥には移動する必要のない扇風機やタンクなどを配置。

〔DATA〕

NAME 東京オムレツ／佐渡友 善裕さん

ACTIVATE 2012年4月〜

WORK TO DO ☑オムレツの調理、販売

QUALIFICATION 食品衛生責任者、自動車関係営業許可、普通自動車免許

タイミングと勢いではじめた移動販売

——活動開始のきっかけは？

もともとは会社員だったんですけど、体を壊したことで食生活を見直して、自分で弁当をつくるようになったんです。そうしたら野菜の甘みやおいしさに気付いて。ちょうどその頃、知り合いでもあった先代が辞めるという話を聞いて、まわりから「引き継いでやってみたら？」と言われたこともあって「これもタイミングなのかな」というノリと勢いで決心しました。それから会社に辞表を出して、先代と引き継ぎの段取りを話したり、営業に付いていって、出店の準備からすべて教えてもらいました。料理も2ヵ月くらいの間に覚えて、少しずつ新しい出店先を探したり、レシピをアレンジしていきました。

——いちばん苦労したことはどんなことですか？

やっぱり車の扱いですね。左ハンドルのミッションですし、古い車でクセもあるので、運転に慣れなくて……。先代とイベントに出店したとき、私有地で運転の練習をしてから公道に出ました。今朝もエンジントラブルがありましたけど、はじめた頃は車が動かなくなっても何が原因なのか見当もつかないんです。でも、フードトラックに車のトラブルはつきものなんですよね。それに、コストがいちばんかかるのも車です。食材や包材に関しては、原価率30％に抑えているのですが、車の修理代が年間90万円くらいかかるんですよ。とくにワーゲンバスに乗っている人は、この車を維持するために働いているようなものですね（笑）。とはいえ、愛着があるので車を変える気にはなりません。

——移動販売のどんなところが楽しいですか？

固定店舗と違って、自分で行きたい場所を選んで、車ひとつでいろんなお客さんや出店者の方と出会えることですね。例えば、うちで使っているお米を選んでくれたお米マイスターの方とは、出店先のマルシェで出会いましたし、昨年は知り合った人に「夏は車のなかで営業するのが暑くて大変」という話をしていたら、「夏の間、うちがやっている海の家のキッチンを使っていいよ」と言ってもらえて、海の家で営業させてもらったり。あとは、出店者の方と情報交換をして、つながりも大切にしています。僕も、インスタグラムで「#キッチンカー」を探して、どんな人がいるのかチェックしてるので、イベントに出店したときに主催者の方から「こんなキッチンカーを探している」と相談を受けることもあるんですけど、そういうときに「こういう人がいるよ」と紹介して「出てみませんか？」と連絡することもあります。そうやって輪が広がっていくところが楽しいですね。

〔STYLE〕 東京オムレツさんのお仕事ルール、決まりごとを紹介

平日の売上予測を立てて
イベント出店で帳尻を合わせる

平日の営業時間はランチタイムの2時間ほど。1日あたりの売上は3万5千円が体力的にもちょうど良いライン。季節や気候にも左右され、年間で売上に波があるため、週末にイベント出店をして売上をあげる。

ガソリン代を抑えるため
仕入れ先は複数に分けない

最もコストがかかる車。できるだけ支出を減らすために、燃費良く走ることがポイントに。仕入れも車で行うため、複数に分けるとガソリン代がかかる。なるべくまとめて購入ができる場所で仕入れを行う。

〔MUST TOOL〕 働き方のヒントになったアイデアソースや仕事に欠かせないアイテムたち

東海林さだおの
丸かじりシリーズ（文春文庫）

食生活を見直した時期に何気なく手にとった本。「昭和っぽい、ほっこりした食べ物が好きなので、印象に残っている本です」。

レシピメモ

ソースなどよく使うレシピはメモ用紙に書いて、いつでも確認できるよう仕込み場の壁に貼ってあるそう。

ノート

会社員時代、お弁当をつくっていたときに、注文にレシピをメモしたり、先代から教えてもらったことをメモしたノート。

〔SCHEDULE〕 1週間のスケジュール

〈月〉MON	青山1丁目に出店
〈火〉TUE	中目黒みどり橋広場に出店
〈水〉WED	麹町31MTビルに出店
〈木〉THU	西新宿KFビルに出店
〈金〉FRI	白金台もしくは駒場東大前（隔週）に出店
〈土〉SAT	Farmer's Market、Kakinokizaka Coffee、太陽のマルシェ いずれかに出店
〈日〉SUN	Farmer's Market、Kakinokizaka Coffee、太陽のマルシェ いずれかに出店

PROFILE プロフィール

東京オムレツ／ホテルレストランのビュッフェスタイルをヒントに、注文を受けてから目の前でつくる半熟卵が載った贅沢オムライスを提供。平日は都内各オフィス街の中心地、週末は都内近郊の各種イベント会場に出店。

How to Order ? オーダー方法

出店スケジュールはwebサイトにて。

◆ webサイト　http://www.tokyo-omlet.com

PART 04　FOOD TRUCK　Tokyo omelet

《 Food Truck Catalog 》

自家製天然酵母パン DESTURE
じかせいてんねんこうぼパン デスチャー

[会話を楽しむ
リヤカーのパン屋さん]

"カントリーサイドに人が集まる場所をつくりたい"と、リヤカーでのパン販売からスタート。
店舗をオープンさせた現在も神奈川県山北町でリヤカーが現役稼働中。おいしいパンを求めて人が集います。

[これまでの
仕事]

オーダーメイドのリヤカー
120cm×80cmのスペースにイギリスを思わせる空間を表現したリヤカー。家具職人さんに依頼

口コミで人気のパン
「ライ麦パン」「チーズ&ローズマリー」「ギネスビール入りライ麦パン」「クルミパン」「シナモンパン」「トマトとチキンのカレーパン」などの人気商品

移動販売用トラック
リヤカーのほかに移動販売車も。こちらは食パンのような見た目が気に入り、中古車を購入

Q. 料理や販売方法のこだわりは？
パンは自家製天然酵母を使い、素材をシンプルにいかすことを心がけています。販売をリヤカーからスタートしたのは、"商売の基本は行商である"と考えたから。どんな素材や工程でつくっているのか、お客さまと会話をしながら販売することを大切にしています。

Q. どのような宣伝をされていますか？
とくに宣伝をしているわけではありません。お客さまひとりひとりとのコミュニケーションが大事なので、ホームページでは主に出店場所などのお知らせのみ掲載しています。ありがたいことに新しいお客さまも、これまでのお客さまの口コミで来ていただいています。

START　2009年12月～
WORK
TO DO　移動販売による自家製天然酵母パンの販売(店舗もあり)
LICENSE　食品衛生責任者、普通自動車免許

How to Order ?
店舗もしくは各販売場所にて購入可。予約は電話にて(最低価格80円～、最高価格510円)。
◆webサイト　http://desture.blog.fc2.com/
◆店舗　神奈川県小田原市栄町1-16-13
　　　 (Bread&English Pub Desture)

《 Food Truck Catalog 》

monad
モナド

[旨みが詰まった
チキンのコンフィ]

東京都内・近郊を中心に、チキンのコンフィライスをメインに販売するmonadさん。
低温のオリーブオイルで数時間煮たチキンはパリッとした皮とホロホロのお肉が魅力です。

[これまでの
仕事]

**豚の山椒
キーマカレー**
山椒の香りが食欲を一層そそるキーマカレー。ライスは雑穀米を使用（650〜1,000円）

チキンのコンフィライス
オリーブオイルで煮るためヘルシー。雑穀米とたっぷりの季節野菜も（750〜1,000円）

フードトラック
2015年前に購入したスバル サンバーバンクラシック。黒板メニューにはソースの説明も詳細に記載

Q. 活動のきっかけは？
晴れた日に外で食べるごはんって、おいしいですよね。その環境を提供でき、自分も一緒に楽しむことを目的にはじめました。こちらから販売場所に出向くことによって、さまざまな環境や人と出会うことができますし、常に刺激をもらえることに魅力を感じています。

Q. 活動を続けるために工夫されていることは？
あまりほかの移動販売とかぶらない料理をメインに出したかったので、差別化ができるような料理を考えて提供しています。コンフィは時間と温度が大事なので、たっぷり時間をかけてじっくりつくっています。「また食べたいな」と思っていただけたら嬉しいですね。

START	2015年9月〜
WORK TO DO	ランチタイムのお弁当販売、お弁当の配達、ケータリング、イベント出店
LICENSE	調理師免許、普通自動車免許

How to Order ?
出店スケジュールはSNSにて、ケータリングのオーダーは要問合せ。

◆ Instagram　@monad_catering
◆ Facebook
https://www.facebook.com/catering.monad/

《 Food Truck Catalog 》

Yaad Food
ヤードフード

本場ジャマイカの自然な味をお届け

ミュージシャンのナイト・イアンさんと彩子さん夫妻が手がける本場のジャマイカンフード。
湘南の新鮮な野菜と、ジャマイカで育てられたハーブとスパイスがお皿のなかで混ざり合います。

これまでの仕事

ジャマイカンデラックス弁当
動物性油脂不使用のベジココナッツカレーとジャークチキン、ジャマイカ豆ご飯の人気No.1メニュー（800円）

ラスタカラーのフードトラック
娘さんが描いたというロゴとラスタカラーが目をひくフードトラック。音が出せるところでは、大好きなジャマイカ音楽をかけながら販売

ジャークチキン弁当
スパイスとハーブに漬け込み、炭火で焼いたチキンはジャマイカのソウルフード。湘南野菜の自家製ピクルスも（800円）

Q. 活動のきっかけは？

ジャマイカの自宅オフィスでレコード輸出業、ホームスタジオなどを夫婦で経営し、15年在住していました。その間、たくさんの友人を招いて、我が家の料理を食べる時間が楽しみのひとつでした。多くの方に「日本に来る日がきたら、この味を広めてほしい」と言われることが多く、帰国したときにミュージシャン業と並行して移動販売をはじめました。

Q. 活動を続けられるために工夫されていることは？

まだジャマイカを知らない方にも「おいしそう」「食べてみたい」「楽しそう」と感じていただけるよう、新鮮な野菜の色合いや香りを大切にし、音楽をかけながら体と心が元気になる、優しい本場の味をお届けしています。

START　2013年7月〜

WORK TO DO　移動販売、イベント出店、ケータリングなど。イアンさんはベーシスト・ヴォーカリスト・音楽プロデューサー、彩子さんはコーディネート業や通訳としても活動

LICENSE　食品衛生責任者、普通自動車免許

How to Order ?

10名以上からオードブルなどケータリングも可。

◆ Instagram　@yaadfood876
◆ Facebook
http://www.facebook.com/YaadFood876

《 Food Truck Catalog 》

lunch stand tipi
ランチスタンド ティピ

［ 移動販売から
お店をオープン ］

オフィス街やフェスなどの移動販売からスタートし、2011年に東京・神田にお店をオープン。
その後も、2台のキッチンカーで都内を中心に移動販売を続けます。

［ これまでの
仕事 ］

タコライス
人気No.1のクラッシュエッグ（卵サラダ）が載ったタコライス（650円）

フードトラック
大きく販売面を広げた移動販売車。オリジナリティを出すため、木材を使った内外装に

チリライス
数種類の野菜で煮込んだチリコンカン。豆嫌いな人にも人気（650円）

チポトレクリームチキンライス
メキシコの香辛料チポトレ入りのチキンクリーム煮込みは、メキシコのおふくろの味（650円）

Q. 移動販売のどんなところに魅力を感じていますか？

もともとこの業種のスタッフをしていました。海で仕事がしたかったので、海で販売できることや、この開放的なスタイルが、自分に合っていると思います。移動販売はお客さまとの距離が近いことが魅力です。オーダーを聞き、盛りつけてお金をいただいて料理をお渡しするまで1対1の接客なんです。だからこそ、お客さまに喜んでもらえるように、接客をいちばん大切に考えています。

Q. 活動を知ってもらうために、どのような宣伝をされていますか？

webサイトやSNSのほか、移動販売なので常にあちこち動きまわっています。お客さまの口コミにはすごく助けられています。

START	2008年7月〜
WORK TO DO	ランチ販売、ケータリング、ロケ弁、イベント出店、路面店での販売
LICENSE	食品衛生責任者、飲食店営業許可、自動車関係営業許可、普通自動車免許

How to Order ?

ケータリング、イベント出店、お弁当注文も可。出店情報はwebサイトにて。

◆ webサイト　http://www.lunchstand-tipi.com/

COLUMN
サインボードとロゴデザイン

屋号やユニット名を印象付けるには、サインボードやロゴデザインが有効です。
コンセプトや料理に加えて、よりわかりやすく個性を表現できる場所でもあります。

(SIGN BORD)
サインボード

移動販売やマーケット出店時に活用できるサインボード。お客さまの足を止めるには、商品の写真や価格をわかりやすく表示するのがポイント。

\ IDEA 01 /
料理写真以外は色を使わない

料理の写真に目がとまるように、デザインに色は使わず、写真のみカラーに。料理写真は全体が見えるよう真上から撮影。価格を大きく記載することで、離れたところでも確認できる。(東京オムレツ／P84)

\ IDEA 02 /
カラフルなボードで目をひく

カレーやタコライスなど、色みが少ない料理の場合はボードそのものをカラフルにする方法も。イメージカラーを決めて、車体と色を揃えてアピールすればお店全体の統一感も図れる。(lunch stand tipi／P93)

\ IDEA 03 /
キッチンカー自体も宣伝ツールに

車体に大きくペイントされたロゴは営業中だけでなく、移動中でも目にとまる。はじめてのお客さまにも「いつもあそこを走っているよね」と言われることも。(東京オムレツ)

\ IDEA 04 /

風で飛ばない
メニューの工夫

屋外で販売するため、風でメニューが飛ばないよう結束バンドで固定。メニューはラミネート加工を施して雨対策も。通りの向こうからでも見えるようにメニュー名もわかりやすく。(TIKI COFFEE ／ P78)

\ IDEA 05 /

説明はお客さまの
目線に入るように

こだわりや商品の説明を添えるときは、レジの周辺に配置するのが◎。文章になると遠くからは読めないので、商品ができあがるまでの時間で説明したり、読んでもらうことを想定。(TIKI COFFEE)

\ IDEA 06 /

あしらいで個性を出す

メニューはわかりやすさが第一のため、文字で個性を出すのは難しい。黒板にワンアイテム加えることで、個性的なサインボードになる。好きなものやコンセプトに合うアイテムを選ぼう。(TIKI COFFEE)

(LOGO DESIGN)
ロゴデザイン

ロゴは活動を象徴する"顔"でもあり、名前と一緒に世界観を伝える効果があります。使用する文字や色によって、大きく印象が変わります。

nagicoto（P8）

ロゴを見ただけでコンセプトを感じてもらえるように、自然で楽しげな色使いであたたかみを感じるデザインに。

hoho（P14）

人が歩く「歩歩（ほほ）」に由来する名前と、様々な国の食材や料理がテーブルで混ざり合うイメージから多国籍なタイルをイメージ。

MOMOE（P24）

肩書やメッセージを円に配置し、エンブレムのようなレイアウトに。名前だけでなく、情報を組み込んだデザイン。

MAKIROBI（P22）

グローバル展開を視野に入れ、海外の方も受け入れやすいデザインに。和の雰囲気を残しつつ、スタイリッシュで料理を引き立てる。

山フーズ（P48）

イラスト、名前、読み方をひとつに。凹凸のあるレトロなラベルシールを思わせる文字のディテールが愛らしい。

RAIMUNDA
CATERING SERVICE（P49）

カトラリーと目のイラストで、"見て楽しい、食べておいしい"料理がイメージできる。文字は読みやすくスマートなものを。

羊や（P114）

"タイムレスでありタイムリー"を意識し、ロゴの色は民芸からインスピレーションを受けたもの。玄米の白と、小豆の色を使用。

山角や（P62）

おむすびのシルエットと「山角や」の文字がひとつにつながるデザイン。全国各地を飛び回り、おむすびで人や食材をつなぐ活動を象徴。

(SHOP CARD)
ショップカード

商品のラインナップと説明をまとめたリーフレットやショップカードは、口コミやリピートにつながります。お客さまに商品と一緒に届けたり、お店にチラシとして置いてもらうのも◎。

cineca（P100）
美しいイラストと、商品の説明を日・英バイリンガルで記したジャバラ折りのリーフレット。図鑑のようなデザイン、物語を紡ぐような文章とモノクロのイラストが想像力を掻き立てます。

羊や
玄米おはぎと一緒に届けられる10×10cmのカード。裏側にはコンセプトと、4種類の玄米おはぎの説明、そして電話番号や住所、URLの問い合わせ先も記載。

nagicoto
いつもお弁当に添えている6cm×6cmのカード。裏面には自分たちの特徴をメッセージで伝え、問合せ先に加えて最新情報をどこで得られるかも案内。

97

PART 05

SALE &
ONLINE SHOP

焼き菓子や加工品なら、カフェや雑貨店に委託販売したり、
オンラインショップで販売することができます。
委託販売やオンラインショップの魅力は、
自分では足を運べない遠方のお客さんにも届けられること。
また、製作の時間を確保できる利点もあります。

cineca	100
きのね堂	106

《 Sale & Online Shop Catalog 》

木村製パン	112
noriko takaïshi	113
羊や	114
HIYORI BROT	115

SALE & ONLINE SHOP
09
cineca
チネカ

視覚と味覚の両方で楽しませてくれるcinecaさんのお菓子。映画からインスピレーションを受けた美しいお菓子はミュージアムショップや雑貨店など、独自の販路で販売されています。

〔CONCEPT〕 cinecaさんのコンセプト

映画を撮るようにストーリーを感じるお菓子をつくり、パッケージまで手がける

繊細で美しい形状に目を奪われるcinecaさんのお菓子に共通するのは、映画からインスピレーションを受け、ひとつひとつに物語が含まれていること。軸となるストーリーをもとに、色やかたち、味のイメージを膨らませ、その物語を目で見て、感じ取れるようにパッケージされています。商品名やパッケージ、ラベルに至るまで、お菓子に付随するものすべてが物語を紡ぐ重要な要素。手にとったとき、パッケージを開けたとき、お菓子を口に運ぶとき、cinecaさんのお菓子と出会った人々にも新しい物語がはじまっているのかもしれません。

〔ARCHIVE〕
今までのお仕事

"見立ての美学"を追求した独自の世界観

森の中のワンシーンかと思いきや、キノコはもちろん、木や土に至るまですべてがお菓子でつくられたもの。お菓子を別のものに置き換える"見立ての美学"が、cinecaさんならではの世界観を生み出す。

石ころそっくりなラムネ「a piece of」(1,188円)

花やハーブを閉じ込めた砂糖菓子「herbarium」(2,160円)

物語に誘う小さなメッセージ

美しい箱を開けると、お菓子には印象的なフレーズが書かれた小さなメッセージが。それは映画のキャッチコピーのように、想像力を掻き立てるアイテム。物語を想像しながら味わう特別な時間を演出する。

〔How to make〕

ある日の 製作から納品まで

委託販売とオンラインショップで販売しているcinecaさんのお菓子。
人気商品のひとつを納品するまでの工程を追いました。

〔DATA〕
製作データ

〔納品するお菓子〕定番商品「palette」　〔製作個数〕約100枚
〔製作時間〕仕込みから発送準備まで3日間　〔納品先〕4ヵ所

本日製作するお菓子

木製のパレットに見立てたジンジャークッキー「palette」（648円）

美術館でも販売中の木製パレットに見立てたジンジャークッキー。

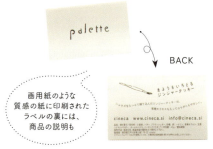

BACK

画用紙のような質感の紙に印刷されたラベルの裏には、商品の説明も

前日から仕込んだ生地で「palette」製作

各お店に納品する数は時期によって変わるため、メールで納品数を確認。1日目に100枚分の生地を製作し、一晩寝かせた生地で2日目にクッキーを焼く。仕上げに使用するアイシングは20色以上になることも。

翌日にパッケージ作業を行う

アイシングが乾くまでに1日かかるため、パッケージ作業は作業開始から3日目に。袋詰とラベル貼りの作業も、100枚分をひとりで行うとなると2〜3時間はかかる。さらに、「palette」は納品先によってポストカードがセットできるような特別仕様も。

破損しないよう梱包は厳重に

納品先に発送する際に、いちばん注意することは輸送中の破損を防ぐこと。とくに焼き菓子は衝撃で割れやすいので念入りに梱包する。ギフトなどのオーダーで繊細なお菓子を製作した際は、輸送中の破損を避けるためすべて自分の手で届けたこともあるそう。

〔PACKAGE〕
世界観を伝えるパッケージ

商品の顔ともいえるパッケージは、すべて自らの手でデザインしたもの。封筒からは手紙のクッキーが出現し、キャットフードの袋からはカリカリのキャットフードに見立てたクッキーがコロコロ……。パッケージとお菓子が一体となって、商品の個性を引き立てる。

bubbles -start our love-
映画『ムード・インディゴ -うたかたの日々-』コンセプトショップで販売したお菓子。

Charlotte（951円）
ゲーテが書いたラブレターをイメージ。

kalikali（648円）
キャットフードに見立てたクッキー。

タイポクッキー
タイポグラフィをモチーフにしたクッキー。書体デザイナーの展覧会で販売。

ITA-CHOCOLAT（1,458円）
パッケージも中身も板チョコのようなクッキー。

〔DATA〕

NAME　cineca／土谷みおさん

START　2012年2月〜

WORK TO DO　☑菓子製造、販売　☑ケータリング

LICENSE　食品衛生責任者、菓子製造業許可、普通自動車免許

グラフィックデザインの世界から映画とお菓子をつなぐ仕事へ

—— 活動開始のきっかけは？

大学卒業後、グラフィックデザインの事務所に就職したんですけど、忙しい毎日のなかでふと気づくと、何のお菓子を食べるか、お菓子を探すことが大きな楽しみになっていたんです。頭で考えていることと、パソコンでデザインしていることが離れていることに気がついて、もっとダイレクトに表現できないかと思ったときに「そういえばお菓子をつくることが好きだったな」と思い出しました。それからデザイン事務所を辞めて、お菓子の専門学校に通いました。専門学校に通っている最中にデザイナーとして関わっていたwebサイト「ilove.cat」が1周年記念のイベントを開催することになり、最初はグッズ制作を依頼されたんですけど「お菓子がやりたい」と希望して。「これをきっかけにはじめてみよう」と思って、今も製作しているお菓子「kalikali」が生まれました。

—— 「cineca」をはじめたときにいちばん大切にしたことは？

コンセプトです。パティシエになりたかったわけではなく、かといってただおいしい、かわいいだけのお菓子をつくりたかったわけでもなく、これまでになかったようなものをつくりたかったんです。どうすればオリジナリティーが出せるかをすごく考えました。私は映画を年間400〜500本くらい観るんですけど、コンセプトを考えていたときも映画を観ていて、ふと「映画とお菓子をつないでみようかな」と思いつきました。アウトプットとしては、できる限り不自然ではない表現方法でありたいという思いから、私自身が得意と感じている、あるものを別のものに置きかえる"見立て"の感覚を大切にして落とし込むことが多いです。例えばキャットフードだったら、何の素材やお菓子がキャットフードの質感に似ているかと考えるところからはじまります。

—— 販路を広げるために、工夫したことはありますか？

活動をはじめてすぐに体調を壊して、半年くらい休業していたんですけど、復帰するときに展覧会でお菓子を受注販売したんです。そうすると、割とすぐに忙しくなりはじめました。正直なところ、営業は1回もしたことがないんですけど、ありがたいことにいろんなショップや書店、イベントなどへのお誘いをいただきました。ただ、お店がないので最初からホームページをわかりやすくつくって、SNSを使っていこうとは思っていました。確か、Twitterはかなり初期の頃からやっていたと思います。SNSなどで同世代の知人がインフルエンサーになってくれたことも大きかったと思います。

〔STYLE〕 cinecaさんのお仕事ルール、決まりごとを紹介

通年で納品するお店には
お菓子の種類を決めてもらう

製作時間やスケジュール、材料の手配などを効率良く行うため、年間を通して納品するお店には種類を決めてもらう。納品先が複数にわたっても、同じ種類のお菓子であれば同日に製作・発送が行える。

レギュラー商品以外は
フェアやイベント用に

卸販売とオンラインショップ以外の販路は、依頼を受けて出店するマーケットやフェア。新たなお客さまと出会える場所でもあり、限られた日程のため、レギュラー商品以外はこうした出店時に製作することが多い。

〔MUST TOOL〕 アイデアソースやcinecaさんのお菓子づくりに欠かせないアイテム

映画

『時計じかけのオレンジ』と『ブリキの太鼓』がきっかけで中学生の頃から夢中になっている映画は、大切なアイデアソースでもある。

アイデアノート

移動中や寝る前などにアイデアが浮かぶという土谷さん。いつもノートを持ち歩き、イメージやレシピを書きとめる。

スケッチ

パッケージに使われているドローイングも土谷さんが描いたもの。オーダーメイドのときも、ラフを描いてイメージを伝えるのだそう。

〔SCHEDULE〕 1週間のスケジュール

〈月〉 MON	午前中メールチェック。午後から「herbarium」40〜50個製作
〈火〉 TUE	月曜日に製作した「herbarium」パッケージ作業&発送「palette」仕込み
〈水〉 WED	午前中メールチェック。午後から「palette」100枚製作
〈木〉 THU	「palette」パッケージ作業&発送、「kalikali」約40個製作&パッケージ作業、「herbarium」20個製作
〈金〉 FRI	午前中に木曜日に製作した商品を発送、午後から「a piece of」製作&パッケージ作業
〈土〉 SAT	「Eda」製作&パッケージ作業、「a piece of」「Eda」の発送準備
〈日〉 SUN	「a piece of」「Eda」の発送、メールチェック、事務作業、デザイン作業

PROFILE プロフィール

cineca／映画を題材にした新しいお菓子のあり方を提案。東京都美術館ミュージアムショップ、「SyuRo」（東京）、「RECTOHALL」（東京）など全国数店舗、不定期でアトリエでの販売や、場合によりオンラインストアでも販売。

How to Order? オーダー方法

ブライダルギフトやレセプションパーティーギフトなどのオーダーも可能。最小ロットや予算などはメールにてお問合せを。

◆ webサイト　http://cineca.si/
◆ 問合せ　info@cineca.si

PART 05 | SALE & ONLINE SHOP　cineca

SALE & ONLINE SHOP

10
きのね堂

良質の素材を使った焼菓子を、あるときは宅急便、あるときは自転車で各地に届けるきのね堂さん。webでもすぐに完売になるほどの人気のお菓子は、週に一度あるお店のキッチンでつくられています。

〔CONCEPT〕 きのね堂さんのコンセプト

・自分も食べたいと思えるものをつくる
・素材にこだわり、なるべくシンプルに

以前は長野県安曇市のレストランで働いていた、きのね堂・中里萌美さん。安曇野で出会った、おいしい水や美しい景色が食事を支えていることに気づきます。こうした経験から、自身のお菓子屋さんには「きのね堂」と命名。「気持ちの根っこを大切にしたい」という想いの通り、お店は持たずとも地に足をつけながら「自分も食べたいと思えるお菓子」をつくり続けます。現在は東京のほか、国内の各地にも不定期で納品。じわじわと増えているファンを大事にしながら、優しくておいしいお菓子を焼いています。

〔ARCHIVE〕
今までのお仕事

できるだけ国産・無農薬にこだわる

薄力粉、全粒粉、砂糖やドライフルーツなど、使っている素材はなるべく国産無農薬のものを選ぶようにしている。海外の素材でも、それぞれの国で有機認証を受けていたり、フェアトレードのものを使用することも。

「カフェラテ」(389円)
口のなかでコーヒーとバニラが混ざり合う二層クッキー。

「天然酵母スコーン（くるみ、レーズン）」(370円)
ひと口サイズの小さなスコーンにくるみとレーズンがぎっしり。

「レモンショートブレッド」(470円)
ホロホロとした食感に、レモンのさわやかな酸味が広がる。

見た目も、味もシンプルに

コーヒーとバニラの二層生地の「カフェラテ」や、有機レモンの皮と果汁がふんだんに練り込まれた「レモンショートブレッド」、全粒粉の「天然酵母スコーン」は、甘みがおさえられたシンプルで優しい味。
（商品は2016年5月当時のもの）

PART 05 | SALE & ONLINE SHOP　Kinonedo

〔How to make〕
ある日の 製作から納品まで

きのね堂さんのお菓子は、定休日のカフェキッチンを利用してつくられます。
自分の足で届ける納品までを追いかけました。

〔DATA〕 製作データ

〔納品するお菓子〕クッキー4種 スコーン2種
〔製作時間〕仕込みから納品まで2日間
〔納品先〕1ヵ所とネットショップ

週に1度、定休日のカフェキッチンを利用

毎週土曜日、定休日のカフェキッチンを借りて製作。木曜日にそのカフェで働く代わりにキッチンを借りているのだそう。限られた時間のなかひとりで製作するため、いかに効率よく作業するかが問われる。生地を寝かす時間、焼く時間を計算し、仕込みに時間のかかるものからスタート。

お菓子製作とパッケージ作業

お菓子は1種類につき1日で50袋分焼くことも。個包装のため、ひとつずつ丁寧に包材に詰めてパッキング。包材には小さな切り口があり、封が切りやすいものを使用。ラベルには賞味期限を手書きで記載し、1枚1枚貼っていく。

名称、素材、賞味期限、保存方法、製造所、アレルギーを記載

自分の手でお店に納品

週に1度、納品している「FOOD&COMPANY」(東京都目黒区)へは、自転車で納品。お店がオープンする30分前に搬入し、自らディスプレイ。「雨のときは電車で来ますが、量が多いので自転車のほうがいいんです」。人気の商品はその日のうちに売り切れることも。

お客さんの反応を確認するためにも、自分の手で届けます

〔LABEL〕
手づくりのラベルたち

ラベルのイラストはイラストレーターに依頼し、デザインは自ら手掛けている。レイアウトから台紙への印刷、ラベル貼りもすべて手作業。お菓子と同じようにシンプルで温かみのあるラベルは、きのね堂のコンセプトを視覚で伝える役割も担う。

ロゴシール
自身で描いた「kinonedo」のロゴ。

商品ラベル
「レモンショートブレッド」と「カフェラテ」のラベル。

お菓子によってイラストやデザインを変える

PART 05 | SALE & ONLINE SHOP Kinonedo

109

〔DATA〕

NAME きのね堂／中里萌美さん

START 2014年4月〜

WORK TO DO ☑焼き菓子製作

LICENSE 食品衛生責任者

好きなことを、自分のやり方で仕事にする

——活動開始のきっかけは？

小さい頃からお菓子づくりが好きだったのですが、循環型の生活にも興味があり、以前は長野県安曇市の玄米菜食レストランでスイーツを担当していました。その頃から仕事先の同僚やお客さんに、自分のつくったお菓子を渡していて、あるときお客さんに「とてもおいしいから売ってみたらいいんじゃない？」と言ってもらったんですね。嬉しかったんですけど、その頃はまだ販売することがピンと来てなくて。そのあと東京に戻ってきてから、知人の計らいでいろんな方にお菓子を食べてもらったり、販売する機会をいただきました。そうしたなかで焼き菓子の販売を考えるようになりました。以前から縁のあったカフェで週1回営業代わりに、その日の営業終了後と定休日の土曜日にキッチンを借りています（注：2016年5月取材当時）。

——卸販売はどのようにスタートしたのですか？

自然食品の販売店でも掛け持ちでアルバイトをしながら、同僚やまわりの人から依頼されたときだけクッキーを焼いていたんです。2014年頃、グローサリーストアの「FOOD&COMPANY」（東京）にお菓子を置いていただけになり、はじめてお店に卸しました。そこから徐々にほかのお店からも声をかけていただけるようになり、今につながっています。

——活動をはじめて大変だったことはどんなことですか？

はじめはすべてが大変でした。オンラインで販売をスタートしたときも、箱代や包材の費用を考えていなかったり、1件ずつ入金を確認してから準備をしていたので、時間も手間もかかってしまいました。商品の値段も原価を出して決めていますが、良い材料にこだわるあまり、利益がほとんどなくなってしまったことも……。とにかく手探りでやってみて、失敗して、またやってみる、の連続で現在のスタイルになっています。お菓子をつくっている場所は借りられるのが週に1日だけということもあって、つくる量が限られています。そのためオンラインでの販売は、各お店に卸す量から逆算して決めています。今は優先順位を決めて、受ける仕事を調整しなくてはなりませんが、それでも規模を大きくするにはまだ早いかなと考えています。今後さらに受注が増え、誰かに手伝ってもらうことになったらアトリエを持ちたいですね。今のところお店を持つことは考えていません。お菓子づくりが大好きなので、これからも"自分が食べたい"と思うお菓子と向き合いながら、自分のペースで続けていきたいです。

〔STYLE〕 きのね堂さんのお仕事ルール、決まりごとを紹介

自分が食べたいと思える素材を選ぶ

オーガニックやフェアトレードの材料を使うのは、その素材が手元に来るまでの背景を大切にしたいから。素材の背景を知り、自分がおいしいと思えるものを使うようにしている。

すべての工程を経験してみる

お菓子づくりの工程はもちろん、顧客管理からwebサイトの制作まで、すべて自身で手掛ける。"お客さまに良いものを届けたい"という思いがあるからこそ、まずは自分でやってみる。

〔MUST TOOL〕 焼き菓子づくりに欠かせない大切なもの

ノート
お菓子のアイデアのほか、その日につくる量からお客さんの管理まで、すべての情報がびっしりとまとめられた大切なノート。

ラム酒
鹿児島・奄美大島の高岡醸造でつくられている「ルリカケス」というラム酒。甘みや香りが程よく「ラムバニラ」など冬の焼き菓子には欠かせない。

なたね油
鹿児島県産のなたねを100%使用した、小野精油のなたね油。「友人からもらったんですが、おいしくて使い続けています」。

〔SCHEDULE〕 1週間のスケジュール

〈月〉MON	取り扱い店へ納品、ディスプレイ、受注分の発送
〈火〉TUE	レシピ試作、スケジュール管理
〈水〉WED	試作など
〈木〉THU	カフェ勤務。営業終了後に焼き菓子の製造
〈金〉FRI	取扱い店へ納品
〈土〉SAT	焼き菓子の製造
〈日〉SUN	発送準備、事務作業など

PROFILE プロフィール

きのね堂／できる限り国産、無農薬でつくったシンプルなお菓子を提供。一部の取扱い店またはwebショップで購入できる。取扱い店は「FOOD&COMPANY」「LIMA CAFE」「WICKIE」(東京)ほか。

How to Order ? オーダー方法

取扱いについては問合せ先から受付。webショップでは「おまかせ便」を販売。

◆ webサイト　https://kinonedo.wordpress.com

《 Sale & Online Shop Catalog 》

木村製パン
きむらせいパン

[国産小麦100%の安心なシンプルパン]

地方での独立開業を模索していたところ、ひとつのくるみパンをきっかけに出張販売からスタート。確かな素材で時間をかけて仕上げられるパンを求め、マーケット出店時には行列ができることも。

[これまでの仕事]

1 飲食店への卸
北海道産bio小麦の石臼挽き全粒粉100%のロープ型カンパーニュ。予算は焼けたパン生地1.2円/g〜で算出

2 器の個展パーティー
カンパーニュを製作。器に合わせて大きさや形を打ち合わせ、栽培から手がける蕎麦屋さんの蕎麦粉を取り寄せ

1

2

3

3 マーケット出店
三軒茶屋(東京)での「SUNDAY MARKET」ではコラボ商品を販売。コンセプトに合わせて商品も変化

Q. 料理や販売方法へのこだわりは？
親身になってつくることを大切に、子どもに食べさせたい、安心で真っ当な素材を吟味しています。時間をかけてシンプルに仕上げることを心がけ、あまり幅広く手がけずにひとつのことを掘り下げるように活動しています。飲食店や委託販売の卸に関しては、綿密にやり取りしてイメージのすりあわせを行ったうえで納品しています。

Q. 仕入れ先はどのように決められていますか？
現在は信州に拠点を置いているので、地元の無農薬野菜を育てている農家さんと密にやりとりをしながら、納得ができる素材を使用させてもらっています。仕入れも販売も、人との縁や繋がりが重要だと思います。

START	2016年4月〜
WORK TO DO	飲食店への卸、委託販売の卸、個人への通販、出張販売、イベント出店
LICENSE	食品衛生責任者、製菓衛生師、食品営業許可、普通自動車免許

How to Order ?

通販はフォームから申し込み。現在は移転のため休業。2017年4月より再稼働予定。
◆ Instagram　@masanopan

《 Sale & Online Shop Catalog 》

noriko takaïshi
ノリコタカイシ

[とっておきのパウンド
ケーキを予約販売]

カフェやビストロのデザートを手がけつつ、展示会へのデザートケータリングも手がける
パティシエの高石紀子さん。オンラインショップでは予約制で月替わりのパウンドケーキや焼き菓子を販売。

[これまでの
仕事]

2 結婚式用プチギフト
結婚式のテーマに合わせた星と月がモチーフ。写真撮影を楽しめるクッキーポップスに

1 人気のフルーツケイク
クリスマスシーズンのパウンドケーキ。写真の「petit」(6×11cm／1,500円)のほかに「grand」(6×24cm／2,800円)も

3 展示会用カップケーキ
アパレルブランドの展示会用に。テーマに合わせたゴールドとシルバーのデコレーション

4 喜界島の黒糖ごまサブレ
無農薬栽培の喜界島産白ゴマと黒糖を使用したサブレ。寿司屋「酢飯屋」でのみ販売

3　　4

Q. 料理や販売方法へのこだわりは？
つくりたてのお菓子のおいしさを伝えたいので、ご注文を受けてからお届け日に合わせてつくっています。また、ベーシックなフランス菓子を基本にし、食べるとほっとできるような繊細で優しい味になるよう心がけています。

Q. 活動のきっかけは？
はじめはお菓子教室を開くことを目標にしていましたが、何をどう準備すればいいのかわからないまま、パティシエとして働いていました。ちょうどその頃、知り合いのシェフから「料理教室で提供するデザートをつくってみないか？」とお話をいただき、毎月季節に合わせたお菓子をつくって販売をはじめたのがきっかけです。

START	2012年4月〜
WORK TO DO	通信販売、飲食店への卸、お菓子教室、ケータリング、イベント出店、執筆
LICENSE	食品衛生責任者、普通自動車免許

How to Order ?
通販はwebサイトのフォームから申し込み。プチギフトやオーダーも可。
◆ webサイト　　http://norikotakaishi.com/
◆ Instagram　　@pointje

113

《 Sale & Online Shop Catalog 》

羊や
ひつじや

［ 幸せを感じる
"旨み"ある玄米おはぎ ］

ひと口サイズのかわいらしい玄米おはぎは、パティシエのお母さんとマクロビを学ぶ娘さんの
ふたりでつくられています。甘み、香り、旨みを楽しめるおはぎは予約のみで販売。

［ これまでの
仕事 ］

4種類の玄米おはぎ
三重県の"羊や専用の田んぼ"で育てられた玄米を使ったおはぎ。左から小豆の
旨みを引き出した「餡」、くるみが香ばしい「実」、ビーガンホワイトチョコレートの
白あんを使用した「羊」、季節によって変化する「旬」の4種類を詰めあわせて販売

3種類のサイズ
詰め合わせのサイズは16個入り2,400円、36個入り
4,800円、72個入り10,000円の3種類(72個入りは重箱)

Q. 料理や販売方法へのこだわりは？

「とにかくおいしい玄米おはぎ」であること。そのためにはお
いしい本物の素材を探すことになります。おいしい素材を追
い求めると、人と環境に優しい栽培方法で育った素材にたど
り着くことが多いです。ホッとできる楽しい時間に彩りを添え
ることができたら幸せだと思い、ご予約いただいた方にのみ
丁寧におつくりしています。

Q. 活動を続けるために工夫されていることは？

長期的なビジョンを常に持つことと、視野を広く持つこと。そして、
「新しいのに馴染みがあり、普遍的である」ということを必ず
意識しています。将来的にはさまざまなかたちで玄米を表現し
ていきたいです。

START	2015年11月〜
WORK TO DO	玄米おはぎ専門店、工房にて予約販売、イベント出店、ケータリング
LICENSE	食品衛生責任者、菓子製造業営業許可

How to Order ?

予約は3日前までに電話にて。

◆ webサイト http://www.genmai-hitsujiya.com/
◆ TEL 03-5787-8515

《 Sale & Online Shop Catalog 》

HIYORI BROT
ヒヨリ ブロート

[通信販売専門の
パン屋さん]

月の暦で働くHIYORI BROTさんは、新月〜満月と満月から5日間がパン職人。満月の6日後〜新月の間は素敵な食材や生産者に出会うため、旅に出るという独特なワークスタイル。パンはすべて"おまかせ"のみで販売。

[これまでの
仕事]

1 おまかせ8,640円セット
パンは3種類のおまかせセットのみ。その季節の最高の素材で焼かれたパンが届く

2　　　　　　　　　3

2 クリスマス限定菓子
2016年のクリスマス用に焼いた「パネトーネ」は、イタリアの伝統的な菓子パン

3 味噌とみりんのパン
2016年10月から焼いていた「味噌味醂（みりん）」。隣町にある足立醸造の味噌を使用

Q. 料理や販売方法へのこだわりは？

家族に食べさせるような気持ちで、なるべく顔の見える生産者のものを使い、自分の足で集めた「ご馳走パン」をつくること。そのために月の暦で働き、月齢21〜28は"旅する時間"と決めています。

Q. 仕入れ先はどのように決めていますか？

生産者がこだわりを持ってつくっていること。たとえ農薬を使っていたとしても、その使い方をきちんと工夫し、健康に害が及ばないように考えて使っているものだとすれば、それも受け入れます。あとは、もともと旅が好きで、各地を旅しているうちに素晴らしい食材や生産者さんに出会ったので、今でも毎月旅に出ます。気になる方がいたら話を伺いに出向きます。

START	2016年10月〜
WORK TO DO	パン菓子製造
LICENSE	食品衛生責任者、パン菓子製造許可

How to Order ?

3,600円、6,000円、8,640円のおまかせセットのみ。販売はオンラインショップにて

◆ webサイト　http://www.hiyoribrot.com

COLUMN

オンラインショップの開き方

食品衛生責任者、食品営業許可、開業届を提出すれば、
食品のネットショップをオープンできます。
ここでは、ネットショップの基本と簡単にサイトを作成できるサービスを紹介。

(HOW TO MAKE)

オンラインショップの基本

01 サイトの方針を決める

- 独自ドメインを取得する?
- 無料で簡単に作成する?
- デザインにこだわる?

URLはネット上の住所にあたります。ネットショップを出店するには、実店舗でいう住所にあたる「ドメイン」を持ち、URLを取得する必要があります。独自ドメインとは、「○○○.com」の「○○○」にあたる部分を自由に選べるオリジナルのURLのこと。これを取得するには、ネットショップ運営サービスやレンタルサーバーと契約する必要があります。

02 決済方法を決める

- カード決済にする?
- 代引き決済にする?
- 振込確認してから発送?

ネットショップサービスによって異なる決済方法。クレジットカード対応なのか、代引き対応なのか、振込確認してから発送するのかによって、お店の負担も大きく変わります。また、最近ではコンビニ決済を使うケースも。ネットショップで決済を選択する際には、個人事業主開業届の提出が必要です。決済方法を決める際には、それぞれの手数料の確認も忘れずに。

03 掲載する情報を整理

- 価格の表記は明確に
- 商品の特徴、こだわりを
  写真や文章でわかりやすく
- 配送の注意点もきちんと表記

商品の説明は、直接お客さまに説明するように丁寧に表記することがポイント。どんなところにこだわり、どこが他のお店と違うのか、しっかりとアピール。また、プレゼント包装などの事例を写真で見せるのも有効。注意したいのは、どのような状態で配送されるのかという表記。クール便なのか、通常の宅配なのか、お客さまに届く状態の説明もマスト。

（ ONLINE SHOP SERVICE ）

オンラインショップサービス

無料サービス

BASE

https://thebase.in/

"30秒でオンラインショップが作成できる"というECサイトサービス。初期費用、月額費用0円。デザイン豊富なテンプレートが選べるのも嬉しい。クレジットカード・銀行振込・コンビニ・後払いの4つの決済が利用できる。また、BASEのアプリでも販売できることもあり、販路が広がる。

STORES.JP

https://stores.jp/

オシャレなオンラインショップが最短2分で無料作成できるサービス。フリープランと初月無料月額980円の有料プランがある。有料プランでは独自ドメインが取得可能。また、外部サイトにボタンを設置できるため、外部サイトやブログからの誘導を簡単に行える特徴も。

有料サービス

カラーミーショップ

https://shop-pro.jp/

導入店舗数No.1の実績を誇るサービス。ネット上にある他のショッピングモールと連携したり、メルマガ発行や受注管理をスマホアプリで行えるなど、機能も充実。月額900円〜、1,332円〜、3,240円〜の3つのプランによって利用できるサービスも異なる。

Make shop

http://www.makeshop.jp/

導入実績22,000店舗、カート業界の流通額日本一を誇る業界No.1のサービス。月額利用料0〜10,500円でネットショップの開店・運営に必要な機能のすべてが揃う。GMOインターネットが提供するサービスなので、グループの様々なサービスと連携可能な点が特徴。

（ WEB SITE & SNS ）

ケータリングやネットショップを手がける場合、固定店舗と違い、決まった場所でお客さまが来るのを待つわけにはいきません。WebサイトやSNSで常に情報を発信し続けることが、新しいお客さまと出会うためには重要になります。

モコメシ（P32）
http://www.mocomeshi.org/

過去に手がけたケータリングの様子がアーカイブされ、ケータリングを頼んだことがない人も「こんなオーダーをしたい！」とイメージしやすい内容に。また、アトリエ情報も公開しているため、イベント集客のツールとしても使用できる。

山角や（P62）
http://sankakuomusubi.jp/

出店情報だけでなく、企業とのコラボレーション商品や、メニュー開発など、ケータリング以外の活動をきちんと掲載。Webサイトをきっかけにメニュー開発の仕事依頼がくることもあるそう。

東京オムレツ（P84）
http://www.tokyo-omlet.com/

毎日異なる場所で出店するため、サイトにはわかりやすくGoogleカレンダーで毎月の出店スケジュールを掲載。Facebookでも毎日どこで出店しているかの情報を発信している。

cineca（P100）
http://cineca.si/

サイト全体のデザインだけでなく、それぞれのお菓子を撮影するときにも、小物や光の当たり具合にこだわるそう。商品のパッケージと同じく、お菓子が持つ世界観を伝えるための工夫のひとつ。

118

MOMOE（P24）

http://momoegohan.com/

はじめてオーダーする人がわかりやすいように、これまで手がけたお弁当やパーティーケータリングの写真を掲載。また、オーダー方法をはじめ、予算や納品日についての注意書きも丁寧に表示。

中村 優（YOU BOX）（P38）

http://youbox.world/

魅力的な生産者を追いかけて世界中を飛び回る中村さん。各地で体験したこと、実直に仕事に取り組む生産者の姿を自ら撮影し、執筆したレポートをWebサイトで公開。料理の向こうにある"つくる人"の姿を届ける。

羊や（P114）

https://www.instagram.com/genmai_ohagi_hitsujiya/

webサイトではメニューや価格、問い合わせ先を掲載し、Instagramではイベント出店情報や、季節ごとに替わる商品を紹介。日々変化する情報をSNSで発信して、webサイトと使い分け。

noriko takaïshi（P113）

http://norikotakaishi.com/

ケーキ1種類の写真も、パッケージをした状態と、カットした状態の数枚を掲載、お客さまが商品をあらゆる角度から見られるように工夫。パウンドケーキの断面を見せることで中の具材がわかりやすく、味をイメージしやすい。

PART 06

HOW TO
あたらしい食のシゴト

世の中のニーズを受け、最近ではさまざまな
「あたらしい食のシゴト」が生まれていますが、
これらは普通のお店の開業と
同じように進める部分と、異なる部分があります。
それぞれの業種の特徴をつかみながら、
どのように開業をすすめていけばよいのか、
押さえておきたい基本的なポイントを
紹介していきます。

監修：フードディレクター／小松由和

plan 1	コンセプトを決める	122
plan 2	業種・業態を決める	124
plan 3	必要な資格と届出	128
plan 4	開業費用を計画する	132
plan 5	物件・場所探し	134
plan 6	価格を決定する	136
plan 7	仕入れ先を決める	138
plan 8	活動を知ってもらう	140

plan 1 | コンセプトを決める

お店を立ち上げるにあたり、もっとも重要と言える軸になる部分、それがコンセプトです。「自分はどんな目的を持って、誰に向け、どんなことをしたいのか」。そこを突き詰めて考えることが大切です。ここがしっかりしているとお店づくりに一本の軸=統一感が生まれ、その後の準備もスムーズに進行します。主観性と客観性、どちらの視点も持ちながらコンセプトを導き出しましょう。自分のこだわりや思いが詰まったお店はまわりに愛されるお店に育っていきます。

コンセプトを導き出すために意識すべき
3つのポイント

point 1　自分の強みを考える（= 自己分析 ）

まずは、自分の中にある "強み" や "こだわり" を具体化しましょう。「自分は何が好きなのか、何が得意なのか」を考えることで強みを導き出します。コンセプトを導き出す3つのキーワードの中でも、これがもっとも大事なキーワードと言えるでしょう。なぜなら、自分を知ること=ほかのお店にはない個性や強みを生み出すことにつながるからです。

point 2　世の中の流れをつかむ（= 外部要因 ）

世の中の需要と供給に合致しなければ、お店を長く続けることはできません。マーケティング的な視野を持ち、客観的な視点で自分の強みが世の中にどう受け入れられるのかを考えることが必要と言えます。難しい場合は、まずは自分が魅力を感じているお店やものを分析し、そこではどんな価格やスタイルで売っているかを考えてみるとよいでしょう。

point 3　利益が出るか見極める（= ビジネスモデル ）

お店を開くというのはただの夢物語や遊びではありません。大切なお金をかけてはじめるのですから、ビジネスとして利益をどう生むのかを視野に入れることはマスト。継続的に続けられる利益の出る仕組みの目途を立てつつ、コンセプトを考えましょう。

＜こんな考え方も！＞ かけ合わせで導き出す、オリジナリティあるコンセプト

1で導き出した自分の強みや特徴では、2や3の部分がクリアできないことがあります。そんなときは "かけ合わせ" を使いましょう。例えば、「お菓子作りが得意」×「ハワイが好き」×「オーガニック志向」=「ハワイのお菓子はハイカロリーなものが多いので、オーガニック食材でつくるハワイのお菓子」などオリジナリティが生まれ、より深くまで考え抜かれたコンセプトを導き出すことができます。

コンセプト・メイクの注意点

その *1* コンセプトは変化してもOK！

こうして考え出したコンセプトですが、それにがんじがらめになってしまうのはよくありません。開業へと動きはじめるにつれ、コンセプトも状況に応じて変わっていくのも当然のこと。とくに世の中の流れ（P122の *2* にあたる部分）はどんどん変化していくので、柔軟に対応しつつ、ブレない軸の部分も持ち合わせることが大事なのです。

その *2* バランスを意識しすぎないこと

前のページで説明した3つのポイントをしっかりと考えることはとても大切なことです。しかし、そのバランスを考えるあまり、堅実なラインのコンセプトに落ち着いてしまうと、魅力のない、ありきたりなお店になってしまうことも残念ながら事実です。3つのバランスは意識しつつ、あくまでも自分がやりたいことを明確に。

コンセプト・メイクシート

自分の強み・好きなこと（P122の point *1*）

世の中の流れ（P122の point *2* ／ 世の中のトレンドやスタイル）

ビジネスモデル（P122の point *3* ／ 日にいくらの売上で、どのくらいの価格にするか）

どんな人に向けて　　　　　　　　　　　どんな商品を

こだわりたい部分（ほかのお店にない強み）

plan 2 | 業種・業態を決める

コンセプトがかたまってきたら、「何を（＝業種）、どんなふうに（＝業態）売るか」を明確にしていきましょう。あなたのお店の個性が最大限に発揮される業態は、どんなスタイルが最適なのかを見極めていきます。ここでポイントとなるのが、業種や業態によって、働き方や販売スタイルも変化してくるという点です。自分は何をどう売り、さらにどんな働き方がしたいのかまで考えて業種や業態を決めていきましょう。
以下にあげるのは、業種や業態の一例です。どれかひとつに絞らねばならないわけではなく、かけもちすることもできます。移動販売を行うキッチンカーがイベントに出店するという例もよくあること。ただし、あれもこれもとなって、どっちつかずにならないよう自分のお店のメインはどちらかを決めておく必要はあります。

case 1 ケータリング

お客さまが指定する場所に出向き、そこで食事を提供するのが「ケータリング」になります。会社や個人のパーティーやイベントなどが主な仕事となり、クライアントの定める予算に応じて、それに合う内容を提供します。料理をつくる調理場は持つ必要がありますが、客席のある店舗を持つ必要がないため、調理場が小さくても大人数の依頼にも対応可能となるのが特徴。料理やドリンクだけでなく、空間などの装飾を含めてプロデュースする場合もあります。

○ メリット
- ☑ 予約制となるので事前に準備ができ、売上が立つ。
- ☑ 食材や人件費などの無駄が少ない。
- ☑ 店舗で集客を考える必要がないため、家賃を抑えやすい。

△ リスク
- ☑ 料理以外の手間を考えなければならない。とくに運搬の手間がかかる。
- ☑ 仕事の絶対数が少ないため、チャンスが少なく、ライバルとの競争率も高くなる。
- ☑ 調理から実食までに時間がかかるため、調理済みの料理保存に注意が必要。
- ☑ 露出が少ないため営業、広告宣伝が必要。

case 2 イベント出店

さまざまな場所で行われるフェスやイベントに出店する販売方法です。地域の夏祭りなど営利を目的にしないものから、朝市＆マルシェ、はては数万人規模の音楽フェスまで、出店するイベントの規模や内容はじつにさまざま。もちろん、各イベントごとに出店の条件やルールが異なってきます。「出店料を払えばOK」とオープンに門戸を開いているイベントも多いですが、人気のあるイベントの場合、審査がある場合もあります。

○ メリット
- ☑ 人が多く集まる場所に出店できるため、売上をあげるチャンスになる。
- ☑ 不特定多数の人が集まるため、店の広告宣伝になる。
- ☑ 自分で集客をする必要がない。

△ リスク
- ☑ 外で行われるイベントの場合、売上が天候に左右されやすい。
- ☑ 不定期に行われるため仕事の絶対数が少なく、チャンスが少ない。
- ☑ 販売量のコントロールが難しく、大量ロスの危険性がある。
- ☑ 出店料を払う必要がある。

---

case 3 移動販売

調理施設を備えたキッチンカーやフードトラックを用いて、ランチタイムのオフィス街などで料理やドリンクを販売するスタイル、ここでいう移動販売は主にそれらを指します。気をつけたいのは、どこでも好きな場所で販売できるわけではなく、場所や時間などは出店場所のオーナーに許可を取る必要があるという点。移動販売の場合、上記にあげた「イベント出店」にも参加できるのは大きな強みと言えるでしょう。

○ メリット
- ☑ キッチンごと移動できるため、できたての料理が提供できる。
- ☑ 自分から狙ってニーズがある場所に赴き、販路を開拓できる。
- ☑ 決まった時間、決まった場所で出店することができるので常連づくりが可能。

△ リスク
- ☑ 車載量が決まっているため、つくれるものに限界がある。
- ☑ 作業スペースが狭いので、作業がしにくい。
- ☑ 売上が天候に左右されやすい。
- ☑ 出店料を払う必要がある。

case 4　出張料理

お客さまが指定する場所に出向き、そこで食事を提供するのは「ケータリング」と同じですが、決定的に異なるのは"料理をその場でつくる"という点。ホームパーティーなどで食材を持ち込み、呼ばれた場所で料理をつくることになります。店舗を持つ必要がなく、身ひとつでできるのが最大の特徴ですが、その分、信頼がないと依頼につながらないため、すでに知名度がある場合でないとなかなか声がかからないのも事実です。

○ メリット

- ☑ クライアントのニーズを汲んで、できたての料理を提供できる。
- ☑ 予約制となるので事前に準備ができ、売上が立つ。
- ☑ 食材や人件費などの無駄が少ない。
- ☑ 店舗や厨房を構える必要がない。

△ リスク

- ☑ 時間内に料理を提供せねばならない。（事前に準備ができない）。
- ☑ 仕事の絶対数が少ないため、チャンスが少なく、ライバルとの競争率も高くなる。
- ☑ 露出が少ないため営業、広告宣伝が必要。
- ☑ 常に慣れないキッチンでの作業＆その設備の状況に左右される。

case 5　委託販売

実店舗を持つお店の棚や一角に、自分がつくったものを置き、販売するというのが委託販売です。最近、流行のレンタルボックスなどもこれにあたります。商品を置かせてもらう店舗に自分で決めた卸価格で買い取ってもらう方法が一般的ですが、レンタルボックスなどは出店料を払えば、価格は自分で決めることができます。委託販売の場合、基本は商品をテイクアウトするという形になるので、営業許可に関しての注意も必要です（詳細はP128へ）。

○ メリット

- ☑ 委託先を探すことで、販路の拡大がしやすい。
- ☑ 商品発送を上手に利用することで、全国展開も可能。

△ リスク

- ☑ 委託先を探す手間がかかる。
- ☑ 販売を委託してしまうため、どんな人が買っているかニーズをつかむことが難しい。
- ☑ 消費期限なども含めて、在庫を抱えるリスクがある。
- ☑ ライバルが多く、個性を出すのが難しい。

case 6 ネット販売

インターネット上にホームページなどを開設し、商品を販売する方法。こだわりのある商品を求めている人に販売することができるのと、手軽にはじめられる気軽さから、最近では非常に人気のある販売スタイルと言えます。ただし、人気がある＝ライバルが多いのも事実。そして、お客さまにとってリアルに商品に触れられないなどのリスクを回避するだけの信頼も求められると言えるでしょう。ネット販売は、これまでにあげたさまざまな販売スタイルと併用できるため、並行する人が多いのが特徴と言えます。

○ メリット

- ☑ 初期コストをあまりかけず、開業できる。
- ☑ 商品を並べる必要がなく、注文が入ってからの生産が可能なので、在庫リスクが減る。
- ☑ お客さまがどこからでも購入できる気軽さ、便利さがある。
- ☑ 商品発送を上手に利用することで、全国＆海外展開も可能。

△ リスク

- ☑ 露出が少ないため営業、広告宣伝が必要。
- ☑ 競争率が高く、ネットの検索上位になるのも難しい。
- ☑ 信頼を得るのが難しく、食品の場合、とくにハードルが高い。
- ☑ 発送の対応に手間がかかる。

case 7 ワークショップ

料理教室や親子で参加できる食のイベントなどのワークショップがこれまでにあげてきたものと決定的に違うのは、「商品の販売が目的ではない」という点です。ワークショップだけでビジネスを成立させるのはなかなか難しいですが、お店の広告宣伝や地域貢献などの意味で効果が見込めるため、お店が忙しくない時期をねらって副業として行う人も多いようです。ただし、集客は思った以上に苦労するので、企業や飲食店と組んでコラボレーションするのがいちばんリスクのない形と言えるでしょう。

○ メリット

- ☑ 参加者との交流が持てるので、ファンづくりになる。
- ☑ 予約制となり、事前に準備ができる。
- ☑ 販売目的ではないので、営業許可などが必要ない。
- ☑ 知名度アップにつながり、広告宣伝になる。

△ リスク

- ☑ 仕事の絶対数が少ないため、チャンスが少なく、売上を継続してあげるのが難しい。
- ☑ 主催した場合はイベントの告知、集客を自分でする必要がある。

| plan 3 | 必要な資格と届出 |

自分が思い描くお店のコンセプトをもとに、業種・業態を絞ったところで、次は開業するにあたり必要な資格と届出について知りましょう。大きくわけると、開業する人はもれなく申請する必要のある届出と、業態によって必要になる資格や届出があります。さらに場所に対しての許可が出るもの、または本人に与えられる資格とそれぞれ異なり、さらに行政区分によっても異なるので、まずは自分がやりたいことにはどんな資格が必要なのかを行政に問い合わせることが、結果的に近道と言えるでしょう。

業態にかかわらず必要な資格と申請

食品衛生責任者

食品を扱う営業を行う場合に、営業許可を受ける施設ごとに必ず1名以上は必要とされるのがこの「食品衛生責任者」です。食品を扱う以上、食中毒や食品衛生法違反には注意しなければなりません。保健所の実施する講習会に出ることで衛生上の管理運営を正しく行うための知識を得て、食品衛生責任者の資格を取得しましょう。この資格があれば、調理師免許を持っていなくても飲食店を開業することができます。

< 取得方法 >
食品衛生責任者養成講習会を受講する(半日程度)だけ。まずは所定の申込書に記入し、協会に郵送すると講習会参加の受付票が送られてきます。講習会は各自治体が指定する協会で実施しているため、詳細はそれぞれの自治体に問合せを。栄養士、調理師、製菓衛生師などの資格を持っている場合は、講習会を受けずとも食品衛生責任者になることができます。

< 費用 >
東京都の場合、受講料は教材費込みで10,000円。
※全国共通の資格なので、どこの自治体で取得した修了証書でも変わらず利用できます。

個人事業開業届

個人で新たに事業を開始したときに税務署に提出する届出となります(法人にする場合は必要なし)。手続きは非常に簡単で、必要事項を記載して税務署に持って行くだけ。注意すべきポイントは、お店を開業してから1ヵ月以内に届け出を出す必要があるということ。税務上の優遇を受けることができる青色申告をする場合は、この届出を提出していることがマストになります。ただし、副業の場合、副業による所得が年間20万円以下の場合は確定申告をする義務はないので、その場合は届け出る必要はありません。なお、開業の際だけでなく、廃業したときにも同じく届出を出す必要があります。

業態によって異なる資格・届出

飲食店営業許可

＜この許可を必要とする業態＞

ケータリング／イベント出店／移動販売／ネット販売（つくるものによる）

ケータリングやイベント出店など、飲食店としての実店舗を持たない場合でも、料理を提供し、営業を行う以上はこの「飲食店営業許可」が必要となります。この許可は「人」に対してではなく、「場所・施設」に対してのもの。そのため、まず厨房となる物件を決めておく必要があります。その上で保健所に事前相談及び営業許可申請を行い、自治体が定めた基準に合った厨房施設をつくり、許可をもらうという流れになります。

┌ ここがポイント！

飲食店営業許可があれば実店舗もオープンすることができるので、とりあえずは移動販売やネット販売→実店舗に、という先を見通したうえで厨房施設をつくるのもひとつの方法です。逆に初期投資を抑えたいなら、実店舗のことを考えずに厨房施設だけをつくることを第一にすると◎。

＜飲食店営業許可に求められる設備の特定基準＞

行政によっても異なりますが、東京都の場合は以下。

◆ 冷蔵設備 → 十分な大きさのものが求められる。

◆ 洗浄設備 → 2ヵ所以上の洗浄設備（全自動洗浄機の場合は一定の条件のもとにクリアできる場合もあり）。

◆ 給湯設備 → 洗浄＆消毒のための給湯設備

※ そのほか排気口や排水溝などにも細かい決まりあり。
※ 客席をつくる場合はトイレ、明るさなどの決まりもあり。

菓子製造業営業許可

＜この許可を必要とする業態＞

ケータリング（つくるものによる）／イベント出店（つくるものによる）／移動販売／委託販売／ネット販売（つくるものによる）

お菓子やパン、ジャム、コーヒーなど、材料をもとに自分で加工・製造し、販売する場合は、「菓子製造業営業許可」が必要となります。例えば、パンなどの移動販売やお菓子などのネット販売の場合は、この菓子製造業営業許可を取得しましょう。なお、飲食店営業許可との大きな違いは、他の施設に卸したり（委託販売）、テイクアウトが許可されているという点。逆に、この許可だけでは調理パンなどを販売することはできません。自分が販売したいものは、菓子製造業許可なのか、飲食店営業許可なのか、それとも両方の許可が必要なのか、そこは保健所で相談するのが近道と言えるでしょう。

┌ ここがポイント！

この許可があれば、テイクアウトが可能になるという点。ただし、菓子製造業は「調理してはいけない」とされています。この許可を持つパン屋がイベントに出店した際、パンを温めて販売するというのも調理にあたる場合があります。

＜菓子製造業営業許可に求められる設備の特定基準＞

行政によっても異なりますが、東京都の場合は以下。

◆ 施設及び区画 → 製造、発酵、加工及び包装を行う場所、製品置場、その他の必要な設備を設け、作業区分に応じて区画すること。また、作業場外に原料倉庫を設けること。

◆ 機械器具 → 製造量に応じた数および能力のある混合機、焼がま、平なべ、蒸し器、焙煎機、成型機その他の必要な機械器具類を設けること。また、必要に応じて冷蔵設備を設けること。

飲食店営業許可・菓子製造業営業許可 手続きの流れ

1 物件を決める

厨房となる物件を探す前に、「これを販売した
い場合はどうすればよいか?」と保健所に相
談するのがよいでしょう(物件を決める際の注
意事項はP134をチェック)。 業態によっては、
エリアも慎重に。工事をお願いする業者はあ
る程度、決めておく必要がありますが、この段
階ではまだ工事に着工しないほうがベター。

2 事前相談

営業を管轄する自治体の保健所で、厨房施
設の工事着工前に「ここでこんなものをつくっ
て販売したい」という内容で相談しましょう。
その際、厨房の設計図を持参すると具体的な
アドバイスがもらえます。

3 申請書類の提出

以下の申請書類を揃え、工事完成予定日の
10日くらい前に提出します。

< 必要な書類(△は該当の場合のみ)>

○ 営業許可申請書…1通
○ 営業設備の大要・設置図…2通
○ 許可申請手数料
○ 食品衛生責任者の資格を証明
　 するもの(食品衛生責任者手帳等)
△ 水質検査成績書
　 (貯水槽、井戸水使用の場合のみ)
△ 登記事項証明書(法人の場合のみ)

4 工事

保健所のアドバイスをもとに、必要書類な
どを揃えると同時に工事をスタートさせま
す。各都道府県の基準をクリアしつつ、自
分が動きやすい厨房をつくることがポイン
トです。工事の進行を見計らいつつ、検査
日の相談を行います(できれば申請の際
に決めてしまうのが◎)。

5 保健所による施設検査

営業許可を取得するにあたり、もっとも重
要とも言える施設チェック。営業者の立ち
会いのもと、保健所の職員が立ち入り検
査を行います。万が一、施設基準に合わ
ない場合は不適合とされた場所の改善→
再検査となります。

6 許可証の交付・営業開始

基準クリアと確認されると許可証が交付さ
れます(許可書の受領には印鑑持参)。交
付まで数日かかる&許可証がないと営業
ができないため、開業日が決まっている場
合はあらかじめ相談しておくこと。許可書
の交付を受けたらいよいよ営業スタートと
なります。

自動車関係営業許可

< この許可を必要とする業態 >
イベント出店／移動販売

自動車に施設を設けて行う営業、つまりキッチンカーやフードトラックでのイベント出店や移動販売の場合は、この自動車関係営業許可を取得することになります。ただし、キッチンカーで何を販売したいのか、調理が必要なのか、販売だけなのかによって分類や設備が異なってくるので注意しましょう。また、いずれの場合でも「仕込み場所」の確保が前提となります（自治体によって異なる）。仕込み場所＝自宅と考える人が多いですが、自宅は許可が通りにくいのも事実。とくに調理が必要な場合は、仕込み場所の営業許可も求められるため、そのあたりも留意しながら申請を進めてください。

—— ここがポイント！ ——

初期投資が抑えられるイメージのあるキッチンカー。しかし、仕込み場所の手配や車のメンテナンス＆維持費で意外とコストがかかることを頭に入れておきましょう。また、キッチンカーでの飲食店営業、喫茶店営業、菓子製造業の許可条件として、「生ものは提供しないこと」「営業車内での調理加工は小分け、盛り付け、加熱処理等の簡単なものに限ること」などの注意事項があるので気をつけましょう。

自動車関係営業許可 手続きの流れ

1 事前相談

「ここでこんなものをつくって販売したい」という内容で相談しましょう。その際、キッチンカーの設計図を持参すると具体的なアドバイスがもらえます。必ず確認したいのは「仕込み場所」について。自分が販売したいものはどの程度の仕込み場所に該当するのか、営業許可は必要なのかをしっかり確認すること。なお、相談及び申請する保健所は以下のチャートで判断を（東京都の場合）。

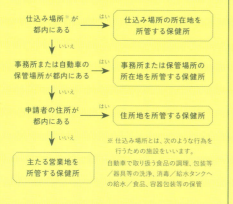

2 申請書類の提出

以下の申請書類を揃え、工事完成予定日の10日くらい前に提出します。

< 必要な書類（△は該当の場合のみ）>
○ 営業許可申請書…1通
○ 営業設備の大要・設置図…2通
○ 許可申請手数料
○ 営業の大要…1通
○ 食品衛生責任者の資格を証明するもの（食品衛生責任者手帳等）
○ 仕込み場所の営業許可書の写し（営業許可がある場合。ない場合でも、それと同等を証明する書類を求められることもある）…1通
△ 登記事項証明書（法人の場合のみ）

3 以降はP130と同じく、工事→保健所による施設検査→許可証の交付・営業開始

plan 4 | 開業費用を計画する

いずれの業態の場合でも開業するにあたって程度の差はあれ、一定の開業資金が必要となります。大きくかかるのは厨房を設置するための不動産物件費用や厨房をつくる設備・工事費でしょう。そのほか、見落としがちな細かな費用も含め、安定した経営のために避けては通れないお金の話を整理しましょう。

不動産物件取得費

実店舗を持たなくても、厨房を用意しなければ営業許可がおりないので、どの業種でも多くの場合はこれが必要となります。家賃だけでなく、敷金・礼金、飲食向けの物件の場合は数ヵ月分の保証金も必要になるため、かなりまとまった額を用意しなければなりません。

内装工事費

ケータリングや移動販売などの場合、厨房はあくまでバックヤードとなり、お客さまに見せる必要がないので内装にこだわる必要はありません。取得した物件を作業しやすいようにする形でコストを抑えるのがよいでしょう。自分でDIYするのも可能ですが、営業許可申請にあたり必要な条件をスムーズに満たす知識を持っているプロに任せるのもひとつの手です。

厨房設備費

料理や商品をつくる上で必要なキッチン設備費用です。お店の規模にもよりますが、冷蔵庫や冷凍庫はプロ用のものが必要となったり、オーブンやミキサーなど揃えるものはさまざま。しかし、すべてを購入していると費用がかさむので、中古品を利用したり、家庭用のもので代用しておくなど、工夫して初期投資はなるべく抑え、余裕ができたら必要に応じて買い替えや追加購入しましょう。

広告宣伝費

お店を知ってもらうための活動にあてるのがこの広告宣伝費です。具体的には、webサイトのデザイン、サーバー費用、ショップカードや名刺の作成などになります。また、ネット販売の場合は、検索で上位になるためのSEO対策費用なども考えなければなりません。

材料費・資材費

料理や菓子などをつくるための材料費は必ず必要となる経費です。材料費をもとに、原価率(→P137)を考えながら価格の設定をするという流れになります。材料費を抑えるためにもロスのない形で商品をつくることが求められます。また、お菓子やパンなどの場合は、ラッピングするための資材も準備しなくてはなりません。資材にいくらまでならかけられるかを考えた上で、お店の個性が出る資材選びをしましょう。

什器 & 備品

什器とは、お店で必要な商品を並べたりする器具や道具のこと。ケータリングの場合は、食器やカトラリーなども必要になってきます。また、電話やFAX、パソコンにプリンターなど、お店の運営をする上で必要な備品も揃えなければなりません。細かい部分では、トイレットペーパーやコピー用紙などの日用雑貨も備品として考えます。

運転資金

当面、お店の経営を続けていくためのお金のことです。開業後すぐに軌道にのるかは難しいところ……。利益が出ていなくても家賃をはじめ、毎月必要な経費はかさんでいきます。それらをまわしていくための資金として、数ヵ月～半年ほどは生活していけるだけの資金を調達しておきましょう。

その他

P129で説明した、営業許可を申請するための許可申請書費用(飲食店か菓子製造かによって金額は異なる)や食品衛生責任者の受講料なども計算に入れておきましょう。さらに、人を雇う場合は、人件費もかかってくることをお忘れなく。

公的融資の受け方

開業するにあたって、自己資金のみでスタートできればリスクは少なくて済みます。しかし、開業で必要となる初期費用は何百万単位と大きな額となるケースも多いので、自己資金が足りない場合もでてくることでしょう。そんなときは、公的制度を利用しての借り入れを行うという方法があります。銀行や信用金庫などの金融機関からの融資を受ける方法もありま

すが、営業の実績がない場合はしっかりとした担保や保証人が求められる場合があり、審査も厳しいのが現状です。その点、公的制度は新規開業者向けの融資制度があったり、国や自治体が融資を受けにくい中小企業のバックアップをしてくれるので利用しやすいのが特徴。金融機関から融資を受ける際に債務保証をしてくれる信用保証協会などもあります。

< 日本政策金融公庫の融資一例 >

★ 女性、若者／シニア企業家支援資金

女性または30歳未満か55歳以上で、新たに事業をはじめる人、または事業開始後おおむね7年以内の人が利用可能。融資金額の上限は7,200万円(うち運転資金は4,800万円)。返済期間は設備資金は20年以内、運転資金は7年以内。

★ 新規開業資金

新たに事業をはじめる人、または、事業開始後おおむね7年以内の人が利用可能。ただし、細かな制限があるため、詳細は問い合わせを。融資金額の上限は7,200万円(うち運転資金は4,800万円)。返済期間は設備資金は20年以内、運転資金は7年以内。

融資を受ける流れ

1 窓口で事前相談

日本政策金融公庫に赴き、「こんな規模でこんな事業をする」ということを説明し、相談しましょう。最初にどんな制度があるのかを聞き、自分の条件や返済計画に合うものを紹介してもらいます。その際、できれば事業計画書や厨房となる物件の資料、工事費の見積もり等の資料も持参すると話が早いです。

2 申請書類の提出

自分が申し込む融資の必要書類を揃え、申込書とともに提出します。事業計画書のほかに、参考資料なども必要とされることがあるので、何が必要かを事前に確認すること。

3 融資担当者の審査

融資が受けられるかどうかにあたり、もっとも重要とも言えるのがこの審査です。事業計画について細かな部分まで問われます。融資担当者が開業予定の店舗などに赴き、実地調査が行われることも。

4 融資の決定→書類提出

3の審査を通り、融資が決定すると契約に必要な書類が送られてくるので、それに記載し署名捺印して手続きは終了。融資金は、申込書の提出から通常1ヵ月程度で入金されます。

5 返済スタート

融資金が入金されたら終わりではありません。ここから決められた期間までの返済がスタートすると思ってください。返済方法もさまざまにあるので、担当者と相談しながら自分に合ったものを選びましょう。

plan 5 | 物件・場所探し

物件を探すにあたって、まず考えたいのがエリア選びです。実店舗の場合は、駅チカなどの立地も考えなくてはなりませんが、ケータリングや移動販売などの「厨房」目的で物件を借りる場合、立地が悪くても問題にはなりません。その分、物件の内容を吟味しましょう。また、お客さまが実店舗に来ないので、内装にこだわる必要もありません。居抜き物件などの場合、内装はそのまま使用することで初期投資を抑えるのもひとつの方法です。ただし、気をつけたいのはケータリングや移動販売など、販売する場所と厨房が遠すぎるとその分、運搬などの交通費もかさんでしまいます。物件には設備や内装が何も施されていない「スケルトン」、前の店舗の設備や内装をそのまま引き継ぐ「居抜き」、さらに、住居用のスペースを改装して厨房にする「リノベーション」の3つのパターンがあり、それぞれにメリット・デメリットがあります。いずれの場合も「家賃は売上の1割程度」が飲食業界のセオリー。この言葉を頭に入れつつ、物件を選びましょう。

\ 思わぬ落とし穴も… /

居抜き物件を借りる際に注意すべきこと

居抜き物件のメリットは、なんといっても初期投資が抑えられることです。以前の店舗が飲食店だった場合、水回りの工事をイチからする必要がなかったり、調理器具や什器が残されているなんてことも。しかし、気をつけたいことが多いのも事実。設備が老朽化している場合は、結局手を加えなければならなかったり、不要なものの廃棄費用を負担せねばならないなどの落とし穴もあります。また、居抜きだからといって家賃が安いわけではなく、設備費が上乗せされた価格になっている場合も。そういうトラブルを避けるためにも自分の目でしっかりとチェックをして、不動産業者に細かな部分まで確認をしておくことが必要です。

居抜き物件のチェック項目

☐ 電気、水道、ガス、給排気の容量は充分か

☐ 排水（浄化槽）に問題はないか

☐ 空調はそのまま使えるか

☐ 厨房設備は稼働するか

☐ 冷蔵庫がある場合、匂いなどの問題はないか

☐ 厨房機器はリース品ではないか

☐ 害虫などが生息している痕跡はないか

☐ 前の店が撤退した理由は何か

\\ とりあえずはじめてみたい！
そんな人にはこんな方法がオススメ //

調理スペースを借りてみよう

物件を借りるとなると初期投資にはかなりの金額が必要となります。「開業したい気持ちはあるけれど、本当にやっていけるのか自信がない……」という場合には、とりあえずどこかでお試しでやってみる、というのがよいでしょう。自分が自信を持って販売したいと思うものがどこまでお客さまに受け入れられるか、まずは料理教室を開いてみるなど、そこでの反応を見て開業へのステップにする方法だとリスクを減らすことができるのでオススメです。

space 1　キッチンのあるレンタルスペース

キッチンのあるレンタルスペースを借りて、イベント出店のための商品をつくる、または料理教室のようなワークショップを開くことが可能です。多くの場合、1時間あたりの利用料金が決められています。自分のやりたいことの規模に合わせて、スポットで借りることができるので便利さはあります。「スペースマーケット」（https://spacemarket.com/）では飲食店営業許可を取得したキッチンスペースがレンタルできる場合もあります。

space 2　営業時間外の飲食店

いわゆる「二毛作」と呼ばれるもので、たとえば、夜間しかオープンしていない飲食店が営業していない昼の時間を貸すというスタイルです。飲食店の場合、必要な調理器具が揃っていることもあるので、一石二鳥と言えます。

space 3　日替わり店長制度

自治体によっては、開業や起業の支援のために、スペースを貸してくれる場合もあります。たとえば、商店街の空き店舗対策として、「日替わりまたは曜日ごと」に出店できるという飲食店の事例もあり。空き店舗対策として、1日オーナーのシステムを採用しているところは自治体主導でなくともあるので調べてみるとよいでしょう。

plan 6 | 価格を決定する

ケータリングや移動販売、イベント出店などは、一般的な飲食店の経営とはまた違った側面がありますが、商品の価格は一般的な相場からかけ離れないようにするのが安定した経営のためのステップ。そのためにも、まず、価格設定がひとつのポイントとなります。なんとなくの雰囲気で価格を設定するのではなく、原価計算や競合店などの価格を調査したうえで、お客さまにとっても、お店の運営にとっても適正と思われる価格を設定しましょう。ちなみに、一般的に言われているのは「原価率は30％以内を目安に」ということ。ただし、原価だけでなく、ケータリングの場合は運搬費や手間代、ネット販売の場合は発送の手間代や対応費、お菓子やパンの場合はラッピングなどの資材費などの経費もプラスされます。さらに人件費や家賃も考慮する必要があります。材料費＋つくる人の手間（人件費）＋家賃光熱費など固定費やその他費用を考慮＋利益＝販売価格となります。

原価 の求め方

＜例＞ パウンドケーキの場合
（18×8.5×4.5cm パウンド型1台＝スライス10枚分）

1 商品のレシピを書き出し、すべての材料に対して1gあたりの価格を出す。

小麦粉　100g（1kg入りで500円）
砂糖　　100g（1kg入りで250円）
卵　　　2個（10個入りで200円）
バター　100g（500gで500円）

↓

2 それぞれの材料と使用するグラム数に**1**の価格をかけて、商品をつくるのに必要な価格を計算する。

1台をつくるのに使用する材料費

小麦粉の価格　500円÷1,000g×100＝50円
砂糖の価格　　250円÷1,000g×100＝25円
卵の価格　　　200円÷10個×2＝40円
バターの価格　500円÷500g×100＝100円

↓

3 トータルで産出された**2**の価格を、そのレシピでできる個数で割ると1個当たりの原価が出る。

販売するスライス1枚あたりの原価

（50円＋25円＋40円＋100円）÷10枚＝21.5円

原価率 とは?

原価を計算したら、次は原価率を使って販売価格を算出してみます。前のページでも述べましたが、一般的に、飲食業において直接の原価率は30%と言われています。ただし、原価率にしばられてしまうと、食材にこだわることができず、ありきたりなものになってしまいます。商品ごとに原価率を変えるなど、バランスをとって価格を設定しましょう。

```
┌─── 原価から価格を設定してみよう! ───┐
│                                        │
│     <P.136のパウンドケーキの場合>      │
│                                        │
│        原価率3割とした場合             │
│        →21.5円÷0.3=71.666円           │
│        →72円以上に設定。               │
│                                        │
│        原価率2割とした場合             │
│        →21.5円÷0.2=107.5円            │
│        →108円以上に設定。              │
│                                        │
└────────────────────────────────────────┘
```

利益を生む 価格設定のオキテ!

1 大量生産

一度に多くをつくることで材料費を下げることができる。ただし、在庫を抱えるリスクもあるので注意。

2 調理テクニック

通常なら捨ててしまう大根の葉でもう一品など、無駄を減らすことに加えて、安価な食材でも上手に調理しておいしく仕上げる。

3 緩急をつける

あえて原価率を度外視したお店の看板商品をつくり、そちらでお客さまの満足度を高めつつ、原価率を下げた商品もそろえ、全体でバランスを保つ。

損益分岐点 とは?

利益がちょうどゼロになる売上高のこと。損益分岐点が100万円のお店なら売上120万の場合、20万円の黒字となります。つまり、家賃や光熱費、材料費などのお店運営にかかわる経費の合計金額より売上が上回っていれば黒字、逆に下回っていれば赤字となります。損益分岐点を出すこと＝売上目標を立てることにもつながります。まずは経費として月にいくらかかるのか、そこから考えて売上目標というボーダーを設定しましょう。ただし、最初から利益を出すのは至難の業です。赤字でも半年から1年は運営を続けていく覚悟で臨みましょう。最初は大変ですが、実績ができていけばいずれ業績も好転していきます。

損益分岐点を計算するときに 算出せねばならない経費

- □ 材料費
- □ 資材費
- □ 家賃
- □ 水道光熱費
- □ 旅費交通費
- □ 広告宣伝費
- □ ローン返済(あれば)
- □ 人件費(自分のお給料含む)

plan 7 | 仕入れ先を決める

仕入れ先について、方法は大きく2つあります。①生産者と直にやり取りをして、直送してもらう方法②仲卸業者に入ってもらい、必要なものを仕入れる方法です。さらに、最近ではプロ用の商材を扱うスーパーやネットショップなども充実しているので、自分で入手したほうが安く手に入るという場合もあります。それぞれのメリット・デメリットがありますが、どちらかに絞るのではなく、たとえば、商品の売りになるこだわりの野菜や卵などは産地直送のものを使い、日常的に使用する粉や砂糖などはその材料に合った方法を選ぶのが得策と言えそうです。

< 生産者から直に仕入れる場合 >

○ メリット

信頼がおける ／ クオリティを自分で選べる ／ 仲卸を通さないので、価格が割安

△ リスク

ひとつの生産者で仕入れられるものが決まっているので、複数の生産者とやり取りをせねばならず、やり取りの手間が増える

< 卸業者を利用する場合 >

○ メリット

注文などがラクで、電話ひとつで届けてくれる利便性 ／ 窓口がひとつなので、やり取りの手間が少なくて済む

△ リスク

仲介のマージンが料金に上乗せされている ／ 大手の仲卸の場合、少量の取引を受けてくれず、契約してもらえない場合もあり

仕入れメモ　　□ 仕入れたい物　→　こだわり

□ _____ → _____

□ _____ → _____

□ _____ → _____

□ _____ → _____

□ _____ → _____

□ _____ → _____

□ _____ → _____

□ _____ → _____

仕入れ先 の探し方

stock 1 見本市や展示会などで探す

「FOODEX JAPAN」や「オーガニックEXPO」などの展示会は、全国からさまざまな商材が一堂に集まっていることもあって良い出会いがあることが多いようです。地方自治体が郷土の名産品を売り込むための商材商談会から、オーガニックなどこだわりの商品だけに特化したものまで、さまざまな展示会が頻繁に開催されているのでこまめにチェックしてみましょう。

stock 2 問屋街で探す

商品梱包の資材などの場合、東京・合羽橋のような問屋街を利用するのもオススメです。お店の人にさまざまな情報を直接、聞くことができるのもメリットと言えます。

stock 3 インターネットで卸業者を探す

インターネットで卸業者を検索するのもひとつの方法です。最近では、卸業者を探す専用のサイトなどもあり、さまざまなジャンルの卸業者を見つけることができます。ホームページに価格などが掲載されている場合もあるので、ほかの会社と比べたり、価格を吟味したうえで問い合わせをすることができます。

stock 4 その他

最近では、各地で朝市やマルシェなどが週末を中心に頻繁に行われています。こだわりの商品で勝負をかけ、地方から出店している場合は、宣伝・営業に力を入れている＝販路を拡大したいやる気のある業者や生産者と言えます。お店の個性になり得る商材が見つかる可能性も。

plan 8 ｜ 活動を知ってもらう

いざ開業したからと言って安心してはいけません。とくにケータリングやイベント出店、移動販売の場合は実店舗がないので、そのままではお客さまに存在を知られることがありません。積極的な宣伝活動が大切です。最初のうちは「とりあえず、やれることは全部やる！」の気持ちをもって、以下にあげる販促活動をすべてやってみて、その中でどんな効果があるか、自分の店のスタイルに合うものは何かを見極めながら、宣伝活動をおこなっていきましょう。

sales 1 SNSを活用する

ブログやTwitter、Facebook、Instagramの積極的な活用を。自分のまわりの友人や知人など身近な人たちに向けたPRをすることができ、またそこからの拡散も期待できます。逆に自分とは関連のない不特定多数の人にお店の存在をPRしたいのであれば、webサイトの制作はもちろん、検索サイトで上位に表示される仕組みに登録する（有料）なども有効です。ただし、検索結果は競合店と並んで表示されます。そこで、しっかりとお客さまに選んでもらえるだけのオリジナルの価値を提供できているか、最初に決めたコンセプトが重要になってくるのです。

< 食べものをステキに撮る工夫 >

webサイトの作成やSNSにおいて、もっとも大事になるのが「写真」です。とくに食べものの場合、おいしそうに見えるかどうかはそのまま売上にも影響します。以下にあげたポイントを意識すると「おいしさ」が伝わるものになるので、試してみましょう。

1 食べものは自然光で

フラッシュを使うと平面的な写真になってしまい、おいしそうに見えません。自然光がやや斜め後方から入るぐらいの光がいちばんきれいに見えます。また白い板や紙を立ててレフ版かわりにするとよりキレイに。

2 商品になるべく寄ったアングルで

全景を入れようとすると商品が小さくなってしまい、細部が見えないということに。丁寧にこだわってつくった商品ならば、そのこだわりがわかるようになるべく商品に近づいて撮ると、見る人の食欲を刺激する写真に。

sales 2　チラシやカードをつくる

とりあえずお店の存在を知ってもらうために、周辺のエリアに折りこみチラシを配るのもひとつの方法です。ただし、ケータリングや移動販売の場合、実店舗がないので、ただ単にチラシを配布しても効果はあまり期待できません。効果を狙うなら、イベント出店やワークショップのほか、ケータリングならその会場で、興味を持ってもらえたお客さまに対して配るほうが効果が高いと言えそうです。
チラシやショップカードはデザインなども自分でできるため、お店のコンセプトとイメージを伝えるには非常に有効ですが、一度つくると情報が更新しづらいのが難点。印刷してしまってから値段を変えたいとなっても難しいので、掲載する情報は精査し、情報の更新が比較的自由なホームページに誘導するためのツールと考えるのが良いでしょう。

sales 3　イベント・ワークショップを開く

飲食店の場合、食べてもらうことで安心につながるということが往々にしてあります。そのために有効なのがイベントやワークショップを開催すること。味に自信があるものであれば、参加無料の料理教室や試食会などを開催し、一度味わってもらうというのもひとつの方法です。（詳細はP127へ）

sales 4　営業に赴く

ケータリングやイベント出店、出張料理の場合、会場となる場所に営業に赴くのは有効な手段と言えます。また、委託販売の場合も同様に、自分の商品を置いてくれそうな場所や店に自分から営業に行くことができます。いずれの場合も、自分の店の強みやオリジナリティがわかるチラシやwebサイトなどを携えて積極的に連絡してみましょう。

タイムマシンラボ

書籍や雑誌の編集・企画・プロデュースを中心に活動する編集プロダクション。2002年、竹村真奈により設立。竹村真奈の主な著書に『サンリオデイズ』『魔女っ子デイズ』(BNN新社)、『ファンシーメイト』(ギャンビット)、『小さなお店、はじめました』シリーズ(翔泳社)他多数、小西七重の著書に『箱覧会』(スモール出版)、タイムマシンラボ著書『市めくり』(京阪神エルマガジン社)、『食品サンプル百貨店』(ギャンビット)など。
http://www.timemachinelabo.com/

編著	タイムマシンラボ(竹村真奈、小西七重)
編集協力	藤本 昌、高林純子
デザイン	大西隆介、沼本明希子、山口 潤(direction Q)
撮影	前田 恵[P1/P8-19/P52-53/P56-67/P72-75/P78-89/P100-111]、望月小夜加[P32-37/P50-51]
文	栗野亜美[P122-141]、小西七重(タイムマシンラボ)[P8-21/P32-43/P68-71/P78-97/P100-105/P112-119]、佐藤恵美[P26-29/P50-53/P56-67/P72-75/P106-111]、藤本 昌[P22/P25/P44-47]
イラスト	たつみなつこ
監修協力	小松由和[P122-141]
表紙撮影	前田 恵
表紙料理	hoho
撮影協力	UTUWA

あたらしい食のシゴト

2017年4月30日　初版発行

発行人	今出 央
編集人	稲盛有紀子
発行所	株式会社京阪神エルマガジン社

〒550-8575 大阪市西区江戸堀1-10-8
電話 06-6446-7718(販売)

〒100-0011 東京都千代田区内幸町2-2-1
日本プレスセンタービル3F
電話 03-6457-9762(編集)
www.Lmagazine.jp

印刷・製本　萩原印刷株式会社

© Timemachinelabo.2017　Printed in Japan　ISBN 978-4-87435-532-9
乱丁・落丁本はお取り替えいたします。本書記事、写真、イラストの無断転載・複製を禁じます。
＊本書の記載は取材時の情報に基いています。そのため情報や価格等が変更されている場合もあります。
＊商品の価格は税込み表記です。